たからものを天に返すとき

高野山真言宗僧侶／心理カウンセラー　塩田妙玄

ハート出版

新装版に寄せて

前作『ペットがあなたを選んだ理由』は、さまざまな年代の多くの方に読んでいただき、気持ちのこもったお手紙や感想をたくさんいただく幸せな書籍となりました。その後も、何回も増刷を重ねて10年以上が過ぎました。前作で描ききれなかったことや、ペットとの出会いと別れについてのもっと濃密なお話、それらを保護施設で体感した多くの感動や辛苦を通して『ペットがあなたを選んだ理由』の続きとして『続ペットがあなたを選んだ理由』を刊行いたしました。

当書籍が売り切れるころ、時代を反映して電子書籍のみの発売となっていました。ですが、熱心な読者さまからの「従来の紙の本で増刷を!」というご要望をいただいており、この度ハート出版さんから「続ペット」を改題して新装版で出したいとご提案をいただいた次第です。そのタイトルですが「続ペットがあなたを選んだ理由」だと、内容がわかりにくい、とのご指摘を受け、本書の内容から『たからものを天に返すとき』と改題しました。

本書は「ペットがあなたを選んだ理由」の「続編」でもあり「姉妹本」でもあります。ぜひ、この機会にお読みいただき、みなさんのおうちの子の愛とエネルギーを感じていただけましたら幸甚です。なお、時間的な表記などは刊行当時のままとなっています。
シリーズのカバーを飾ってくれた愛犬のしゃもんも、愛猫はんにゃも、すでに天に返しましたことも重ねてご報告いたします。

合掌

令和5年3月

妙玄

まえがき

はじめまして。または再会♪　という方もいらっしゃるでしょうか？

高野山真言宗僧侶兼、心理学・陰陽五行算命学・生理栄養学カウンセラー、ときどき文筆家の塩田妙玄です。なんだか長い肩書ですね。平たくいうと坊主のカウンセラーでときどき文章書きをしています。

たくさんある書籍の中から本書を見つけてくださり、ありがとうございます。


今回は前作、『ペットがあなたを選んだ理由』の続編になります。

前作では若い方からご年配の方まで、驚くほど大きな反響をいただきました。皆さまから頂戴した、天にお返しした子を思う気持ちがつづられたメールやハガキ、お手紙にはずいぶんと、本当にずいぶんと泣かされました。

特に、60代～70代の人生の大先輩からいただいたお言葉の数々に、この本を発信できて良かった、僧侶になってよかったんだ、そう心から感じることができました。

ペットロスに特化したわけではなかったのですが、お手紙をくださるほとんどの方が、ペットとの別れの苦しみについて語られていました。

私たちが直面する宝物を天にお返しする苦しみ、悲しみ、寂しさ、そして、せつなさ。私自身が自分の犬との別れに「なぜ？　なんで、こんなに苦しまないとならないの？」そんな苦しさを抱え、その答えを探し続けていたように思えます。

そんな私たち飼い主が持つ共通の苦しみや疑問を、本作を通じて皆さんとシェアできたらいいなと願っています。


はじめましての方《かた》向けに少し補足をさせていただきます。

僧侶でカウンセラーになる前、私は長年ドッグライターをしていました。

シベリアンハスキーの「しゃもん」（♂）は、私の大事な宝物であるとともに、モデル犬として仕事のパートナーでもありました。

取材や撮影の仕事、キャンプ、山篭《ごも》り、雪山

しゃもん

登山、沢登り、400泊の旅、そして何気ない日常。しゃもんと過ごした12年半は私の人生の中で、光り輝く黄金の時代でありました。

天からお預かりした宝物（しゃもん）を天にお返ししてから、私はライターをやめ、心理・算命・生理栄養学を学び、カウンセラーになりました。

その後、縁あって飛騨の千光寺・大下大圓師僧のもと得度し、修行に通います。お師匠さまに勧められる通りに高野山に入山し、伝統にのっとり正式な修行を終え、高野山真言宗の僧侶となり、現在にいたります。

また、5年ほど前に「愛さん」（ニックネームです）という男性が、寄付などをもらわずご自身の収入で、捨てられた犬や猫たちの保護活動をされていると紹介され、それからご縁がつながりその施設のお手伝いに通っています。

本書でも、この愛さんの施設がたびたび登場しますが、この施設は愛さんが個人的に運営しているところで、組織や団体ではありません。

数人のボラさんがお手伝いしていて、近隣の公園にはホームレスさんも点在します。多くの捨てられた犬猫たちの保護のために、やむにやまれず施設を始めた愛さんですが、年齢や体調を考えて、日々縮小に努力をしています。

ですが、まだまだ病気の子、高齢の子、新たに捨てられる子猫などもいて、なかなか閉鎖にいたりません。捨てにこられる犬猫の防止のため、または愛さんのプライベートもあり、施設の場所は非公開、見学などもお受けしておりません。（私はこの施設のいちボランティアにすぎませんので）。

施設では逝く命もあれば、来る命もあり、日々命のリレーが行なわれています。その感動や気づきを皆さんとシェアしたくて、愛さんの許可を得て、こうして発信をさせていただいている次第であります。

今、私の自宅にいるのは「はんにゃ」という猫嫌いのメス猫だけです。

流れ着いた「しま」という野良さんが生んだ5匹のうちの1匹。顔があまりに怖かったので里親にもらわれず「般若」とつけたのですが、いみじくも「しゃもん」も「沙門」と書き、仏教の修行僧の総称です。不思議と僧侶になるなんて夢にも思っていないときに付けた愛犬・愛猫の名前です。

はんにゃ

ちなみに、しゃもんの前にいたパグは、頭がつるつるだったので「お坊さん」の「坊（ボン）」でした（笑）。

あなたはどんな思いで本書を手にとってくださったのでしょうか？

もう天にお返しした子がたくさんいますか？

今、あなたのとなりにはどんな子がいますか？

私たちはペットを通じ、自分以外の存在を深く愛するということを経験します。それは同時に「執着に翻弄され手放す術を探す」「別れの苦しさと意味に葛藤する」「うちの子が私を選んだ理由を探す」など、数々の旅でもあるのだと私は思っています。

私たちの愛おしい子は一緒に暮らすさまざまな局面で、たくさんの働きかけを私たちにしてくれます。

それがどんなことなのか？　この子が何を言っているのか？　それを一番知るのは他でもないあなた自身です。だって、あなたがその子のお母さん（お父さん）なのですから。あなたが一番その子を愛しているのですから。

ペットは飼い主の多方面の反射を映し出します。本書を通じてあなたとペットとの間に何か新しい気づきがありますように。

たかが犬猫と飼い主との関係ではありません。あなたがその子と出会ったことには、深淵なる理由があるのです。「魂同士の約束ごと」があるのだと私は思うのです。

「そんなまた怪しい世界のことを……」と思われますか？

いいえ、あなただって感じています。

「この子とは何か縁がある」「この子は神さまが送ってくださった」「自分にとってただのペットじゃない。もっと何か意味がある」

心の奥でそう感じたからこそ、本書を手にとってくださいました。

その理由を一緒に探しませんか？

あなたとその子との間には、いったいどんな「魂の約束事」があるのでしょうね。ワクワクしながら探しましょう。その子の生死は関係ありません。魂に生き死にはないからです。亡くなって数年たってから、その意味に気づく。その子の遺志に気づく。その子の声を聴く。そんなこともあるのです。

あなたは今、抱きしめる子がそばにいますか？

それとも亡くした子のぬくもりを思い出して泣いていますか？

うずくまって動けなくなっていますか？

本書を通じて、あなたに何か「ストン」とふに落ちることがあれば嬉しい。

「なるほど、そうだったんだ！」そう思えることがひとつでもあれば、私はあなたに対するお役目を果たしたことになる。

涙や疑問が、得心《とくしん》と笑顔に変わってくれたら最高です！


ようこそ妙玄ワールドへ♪

ご一緒に「うちの子が私を選んだ理由」を探す旅に出かけましょう！

◇目次――『たからものを天に返すとき――新装版「続ペットがあなたを選んだ理由」』

第6章　いのちのつながり

第1章

事件は現場で起きている

福島のフェニックス

愛さんの施設に「オボロ」がやってきたのは、２０１１年の夏。

３月には東日本大震災があり、民間のボランティアさんは放射能の危険も顧みず、残された動物たちへの決死のレスキューが行なわれていた。

福島の原発周辺で取り残された動物たちは次々と餓死していき、レスキューは時間との勝負だったのだろう。

鎖でつながれたままの犬、室内に閉じ込められた猫、牛舎・豚舎で重なり合う牛や豚たち。運よく自由になれたとしても、家畜やペットとして暮らしてきた彼らが、果たしてどれだけ自力で食べ物を得られたことか。

餓死はどんなに苦しかったことだろう。その絶望的な状況がどんなに恐ろしかったことだろう。

そんな中、幸運にも勇敢なボラさんたちに保護してもらえた犬や猫たちがいる。ご飯に釣られ捕獲器に入る子がほとんどだが、人間を見つけただけで駆け寄ってくる犬猫も多かった。そんな彼らは野良ではなく、飼われていたペットたちだったから。

保護された幸運な彼らは病院で健康診断を受け、病気の治療、去勢や避妊という経緯を経る。その後飼い主さんが名乗り出る一定期間まで、または新たな里親さんが決まるまで、一時預かりさんが自宅でその子たちのお世話をしてくれる。

そんなレスキュー猫の中には生粋の野良もいる。立ち入り禁止区域となり、人間がいなくなると多くの猫は生きていけない。ましてや雪も降り積もる地域もある。そこで野良も保護対象になるのだが、生粋の野良は室内に閉じ込めるとパニックになり凶暴で大暴れする子も少なくない。中には大きな声で叫び通しという子もいる。

そりゃ、そうだ。野良猫たちにしてみたら、いきなり捕まって見知らぬ場所に閉じ込められるのだ。自分の身体を顧みず勇敢なボラさんに決死のレスキューをしてもらった！　などとは思わない。

「拉致監禁‼　ギャァーーー、出口、出口ィ！」ってなもんだろう。猫にしてみたら仕方ないのだけれど、そんなパニくっている猫を預かる預かりさんはかなり深刻に困るのだ。

都心の住宅地の民家なわけですよ、たいていが。で、そんな預かりボラをされる方は、自分でも猫を飼っていたり、先住の預かり猫がいる場合が多い。

そこに「拉致監禁‼　ギャァーーー、出口、出口ィ！」

……が、くる訳でね。

慣れない猫は1週間でも2週間でも鳴き続け、暴れ続ける。そんなケースもある。

では、そういう子はどうなるか。私がボランティアに行っている愛さんの施設に来たりする。

愛さんは自分の保護施設に、そんなチーム福島（預かりさんお手上げ猫）に一番大きなシェルターを作った。冬はストーブが入る部屋と木や移動台がたくさんある外の運動場付きの手作りハウスだ。

東日本大震災のすぐ後に高野山入山予定となっていた私は、被災動物たちに何もできなかった。何か被災した子たちのお世話がしたいと思っていたので、喜んでお世話を引き受けた。

だが、このチーム福島。長年の保護活動キャリアを持つ預かりさんが音《ね》を上げた子たち。もはや、猫というより猛獣だ。

ご飯をあげに小屋に入ると、フーーフーーー！　シャアァァーーーといった、猫の声でなく、ドルルルルーーー、ガルルルルーーーという低く大きなうなり声。猫というより猫科の野生動物のよう。

中には、爪を思い切り出して、飛びかかってくる猫もいるのだ。

それも「お前はロケットか⁉」というくらいの強烈パンチ。

それに「なんじゃぁ～われ⁉　コラッ！」関西弁のバチコンの吹き出し付きである。

ご飯をあげに来ただけなのに……。なんで？　なんで飛びかかってくるのさ？

こ・こ・怖いぃ～～～、まじ怖いよぉ～～～、思わずひるむ私。

本当に気をつけないと、危険極まりないチーム福島である。


そんな凶暴猫もいれば、もう1週間になるのに1回も姿を見せない猫もいる。そういう子は目を合わせたり話しかけたりせず、しばらくは放っておくのがセオリーだが、さすがに2週間近くも姿を見ないと、（まさか、どっからか逃げたんじゃ……）と心配になってくる。

おそるおそるダンボールで作った猫ハウスを一つひとつ覗き込む。すると、ボーーン！　という爆発音とともに、探していた猫が飛び出す。

猫も私もお互いが「ギャアァーーー‼」

私は不安定な踏み台から落ちるし、飛び出た猫も前面の鉄網《てつもう》に正面衝突して、その勢いで天井の網にぶつかりと大パニックだ。

福島の子たちはそんな猛獣系とパニック系のほか、難病系がいる。

その淡い薄茶色の被毛から「朧月夜みたいだからオボロにしよう」と、愛さんが名づけた福島から来たオボロ。

彼女はエイズと白血病のダブルキャリアだった。

猫エイズだけなら多くのボラさんも楽観的な対応をする。そんなに他の猫に感染しないし、しんばキャリアであっても長生きする子も少なくない。ただ、難治性口内炎や風邪が治りにくいという症状はありがちだが。

施設でもエイズの子で20歳近くまで生きた子は案外多い。

しかし、エイズ＋白血病キャリアとなると双方の発症率も高くなり、症状も重篤になりがちだ。

オボロは「ぼろぼろだからオボロなの？」と言われるくらい、施設に来た当初から、薄茶の被毛はぱさぱさ・ケバケバで、口からは常に黄色のドロっとした大量のよだれを垂らしていた。

すごくやせていて、おまけにものすっっっごく臭い。なんというか、生臭く、どろどろの口が腐って腐臭を放っているかのようだ。

「もう発病してるのかなぁ……」やせてゴツゴツしている身体で、オボロは隔離されたシェルター内を逃げ回る。見知らぬ場所、怖いよね……。

「大丈夫だよ、オボロちゃん。ご飯置いとくよ」そう声をかけていく。

福島からレスキューされてきた子は、保護して１〜２ヶ月は例外なくとんでもない大食いだ。無人となった警戒地区の福島では、今まで食うや食わずの毎日で、食べられるときに食べておかなきゃ、というそんなこの子たちのサバイバルな毎日が垣間見える。ご飯を持ってくる私に攻撃するのも、私は「ご飯をくれる人」ではなく、「あのご飯を奪わなきゃ！　なんとしても」そんな対象だからだろうか。

数ヶ月はそんな緊迫した状態が続く。

オボロ小屋をはじめ、チーム福島の12匹には毎回大量のドライと缶詰、猫用かつぶしに猫用かにカマが出され、朝のボラさんからは毎日、なまりぶしや茹でたお肉をもらえる。

その食べ方は、サバンナでライオンが群がって獲物を食べるが如くだ。

毎回、ヴヴ〜ヴ〜と唸りながら、ガッ！　ガッ！と、まさに喰らうという風景。

その姿を見て愛さんが「腹いっぱい食えよ。おかわりするか？」と、あげまくる。この施設は愛さんが個人の収入で維持しているから、パッカパカと景気よく缶詰を開ける愛さんに、私はハラハラしてしまう。

３ヶ月たち、チーム福島たちをレスキューしてきたＭさんが、施設に様子を見にきて一瞬「えっ⁉」と言葉を失う。

やせ細って飢えた野獣の姿で捕獲された猫たちが、ほとんどサッカーボールのような体型になっているから……。

「暖かいストーブと運動場付きの広い部屋に、なまりぶしと茹でたお肉。贅沢なご飯だね～。里親に行くときは、ダイエットしないとならないね～」とMさんが苦笑。

（Mさん、この子たち、里親いけるわけないでしょう……）心で突っ込む私。巨デブの猛獣。体力が回復して、パンチ力と破壊力は数段アップしているのだから。


そんな中、オボロだけは食べても食べても太らず、少しずつやせていった。

匂いもひどくなる一方で、オボロの小屋に入ると強烈な悪臭。自分の粘着質のよだれでオボロの身体は、ヘドロをふき取った雑巾《ぞうきん》のようである。

少しずつ身体が腐って溶けていくようだった。

「オボロちゃん、臭くない？　かわいそうに……」

窓を開けて換気したり敷物を交換したりしても、どうしようもない。

生きながら腐っていく……、預かり始めた頃からオボロはそんな印象だった。

そんな状態だったが、不思議とオボロはよく食べよく寝て、よく運動していたのである。

それからじりじりとやせて、よだれもますますひどくなるのだが、オボロはまだそれなりに穏やかな日々を過ごしていた。

今まで人が来ると逃げ回っていたオボロが、半年もたつ頃には大好きななまりぶしや茹でササミのご飯をねだりに「にゃぁ～にゃぁ～」と擦り寄ってくるようになっていた。

発症しているようなエイズと白血病、難治性口内炎。この重病を抱えながらもオボロはたくさんご飯を食べてくれ、私たちを喜ばせた。

しかし、時折オボロの部屋からものすごい「ギャアーーー！」という悲鳴と、ドタバタと転がる音が聞こえるようになった。

急いで見に行くと、オボロは七転八倒しながら転がりまわっている。

駆け寄って身体に触れるとさらに「ギャアーーー！」という悲鳴を上げ、転がりまわった。

しばらくすると落ち着くのだが、そんな発作が頻繁に起こる。

「脳に問題があるか、てんかんだねぇ……」獣医師の言葉に「やっぱりそうか……」の思い。

このような発作を起こす子は、たまにいるのだ。たいていが難治性で、投薬の効きのムラをみせ、そして短命な子が多い。

オボロの状態から発作に関しての前向きな治療はせずに、口の炎症を抑えるステロイドの注射、状況を見ながら体調を補うための点滴、それらの治療をしていくことにした。

時折発症するオボロの発作は転がりまわる激しさを見せるも、数分で落ち着くのが常だった。そんな状態のオボロを見て、愛さんはすぐに小屋中、登り階段も全てに布団を敷き詰めた。発作を起こしたオボロがどこから落ちてもケガをしないようにと……。

少しでも肌寒いとオボロ小屋にだけはストーブが焚かれた。そんなストーブの前がオボロのお気に入りの場所となった。

ようやく触らせてくれるようになったので、相変わらずのよだれとよだれでべとべとに固まった被毛を拭こうと蒸しタオルを身体にあてると、とたんに「ギャァーー!!」と悲鳴とともに転がりまわる。

「オボロ！　オボロちゃん、ごめん！　痛かったの？」

七転八倒するオボロをただただオロオロと見ているしかできない。

あるときには、大量のよだれが常についている左右の口角が裂けてしまい、かなりの出血をしていたので、消毒しようとコットンをあてたとたん「ギャァーー！」と転がりながら叫ぶ。

「オボロ！　オボロ！」この頃の私はやることなすこと、オボロの発作を誘因するばかりだった。

すっかり怖気《おじけ》づいた私はオボロが鼻血を出したときも、鼻汁が鼻をふさいでいたときも、何もできなくなってしまっていた。

しぼった雑巾に黄色のスライム（粘液）を塗りつけたような状態。まるでヘドロの塊のような身体。そんな状態になってもオボロは生きていた。

見かねた私は、今まで弱った身体への負担を考えてやらなかったのだが、獣医師にオボロのシャンプーというか洗浄をお願いに行った。

行きの車の中は風が入っては寒いだろうと窓を閉めていくのだが、まるで真夏の炎天下に生魚や生肉と卵を合わせて数日放置したような匂いが車内に充満する。あまりに強烈な匂いに目がチカチカするほどだ。

獣医師は休憩時間を使い、とてもゆっくりゆっくりと時間をかけて、丁寧にオボロの身体を洗浄してくれた。のりで全身を固めたようなオボロの被毛は簡単にはとけなかったが、見違えるほどきれいにしていただいた。

「うわ〜、オボロちゃんよかったね〜。気持ちいいでしょう」

心なしかオボロも気分がよさそうだ。さすがプロは違うと感心。

「今回は料金いらないですよ」

「えっ⁉　先生、こんな時間もかかる大変なことをしていただいたのに……」

私たち動物保護ボランティアの日々は、このようなご好意に支えられて活動を続けていけるのだと思う。お礼を言いつつ、何度も何度も頭を下げて病院を後にする。

ある日、あまりによだれも悪臭もひどいので、どうにかならないものかと病院に相談に行ったときに院長が言った。

「ダブルキャリアのこのような状態の子が治療も続け、ご飯も食べられている。この状態は改善というよりつきあっていく状態なので、病気だからなんとかしなければと思わずに、この子の〝個性〟と考えたらどうでしょう？　よだれも悪臭もこの子の個性だと。難治性の皮膚炎や慢性の下痢の子にも、そんな提案をしてるんですよ」

この言葉は目からウロコだった。

治癒が難しい病気や慢性的な病気は「病気ではなく個性」。

病気と考えると何がなんでも治さなきゃ、とそのことばかりに執着しがちだが、「個性」「その症状もこの子の人生の一部」と考えるとこちらも気が軽くなり、重々しい感情でその子と接しなくて済みそうだ。難治性という症状は変わらないのだが、接する側の気持ちがかなり楽に変わる。

何より、病気と思うと「私のせいで」「私が治してあげられなくて」などと思ってしまうこともあるが、「個性」なら症状そのものとして受け止められる。

出た症状にあわせて、その都度できる治療をしていけばいい。

なるほど……、そんな考え方もあるんだ。またひとつ、施設のボラを通して、人生のカラクリを学んだ。

その後も食べても食べてもオボロはさらにやせていき、発作も頻繁になっていった。

この頃は、愛さんお手製のダンボールの小部屋にふかふかタオルを敷いたベッドが気に入っていて、一日のほとんどをここで過ごしていた。

ご飯を持っていって呼んでも来ないと、恐る恐る小屋を覗く。

「オボロちゃん、生きてる……?」

そんな言葉をかけるたび、力強い目にギロっと睨まれた。ぼろぼろドロドロの身体だが、オボロの目だけはいつも力強く「命」を主張していた。

脱水症状が見られると恐る恐る治療をするのだが、まったく脂肪がないオボロの皮膚は乾いた皮そのもので、何をするにしても触れるだけで「ギャァーーー」と悲鳴をあげられた。病院で治療のレクチャーを受けるも、そこはやはり技術の差。

「ごめんね、ごめんね」といいながら、今度こそ痛くないようにと、力みながらも恐る恐るやるもんだから、いつも私の治療はオボロを痛がらせた。叫ばれるたびに、口から心臓が飛び出そうになる。そんな試行錯誤の日々が続く。

ある日、オボロが急に食べなくなる。

愛さんが険しい表情をして、オボロ小屋から出てきた。

「食べてないね……、3日目か」


〈安楽死〉

愛さんと私の脳裏にその言葉が浮かぶ。


驚いたことにその言葉が私たちの口から出るたびに、オボロはまた必死にご飯を食べだすのだった。まるで「まだ生きられるよ！」と訴えるかのように。

発作を起こす↓食べなくなる↓点滴に行く↓注射に行く↓やせる↓安楽死を考える↓また必死に食べだす。こんなことが繰り返された。

もだえ苦しむ姿に最後の決断を迫られるたび、翌日にはまたヨロヨロと立ち上がり、なまりぶしや茹でササミを「にゃぁ、にゃぁ」と催促する。

信じられないことだがこのような状態の繰り返しを、オボロはなんと1年半も続けたのである。

半死の状態の中、ギラギラする瞳だけが「生」を訴えていた。

「フェニックス（不死鳥）だね」

「すごいよ、オボロは」

そう、そんな使い古しのボロ雑巾のような身体になっても、オボロの目だけは相変わらず力強かったのだ。


大量のよだれはだんだんと太く粘りが強力になってくる。ふいてあげたいのだが、また発作を誘因するのがイヤでそのまま。

粘着質のぶっといよだれは、口から垂れて床まで到達している。ドライフードを食べて顔を上げると、その太いよだれのツララにドライフードがところどころに貼りついて、まるで干し柿のようになる。

「オボロちゃん、今日も干し柿作ってるの？　いつごろ食べられますか？」

「オボロちゃん、今日はお賽銭取ってきちゃったの？」（お賽銭ドロボーはトリモチを使うことから）

「オボロちゃん、今日は白糸の滝に変身したの？」

苦しいお世話の日常にユーモアと笑みを入れる。私自身が救われるように。私自身が追い詰められないように。私自身が笑ってオボロをなでられるように。

それに、こんなに命を生き抜こうとしているオボロに「かわいそう、かわいそう」と接したくなかった。

そんな一方で、また食べなくなると、愛さんが、

「オボロ……、そんなに頑張るな……」

と、ゴツゴツの骨だらけになったオボロをなでながら、搾り出すような声で語りかける。そのたびに「オボロに睨まれたよ」と愛さんが苦笑しながら小屋から出てくるのだった。「まだ目に力があるからな……」そのあとの言葉を止める。


復活したり、発作を起こして食べなくなったり、相変わらずオボロはこの世とあの世を行き来しているようだった。そのうちに、ササミや刺身をどろどろにした流動食しか食べなくなった。

「オボロちゃん、死ねないなぁ……、なんで、あの子は死ねないいんだろう。あんな生きながら腐っていくような身体で、強烈な発作まで起こし続けながら、なんでこんなに死ねないいんだろう……」

つい、こぼしながら祈る。もう部屋中にむせ返るような腐敗臭が充満し、生きているのが不思議な身体。

明日は最後の病院に連れて行こう。

今日は先生に安楽死をお願いしよう。

その繰り返しでさらに半年がたつ。


そんな日が続き、私もまた「オボロちゃん、そんなに頑張らなくていいんだよ」と声をかける。

その言葉のたびに、オボロは「ギッ！」とした力強い目で、私を睨んだ。

「あっ、ご、ごめん……」思わず謝る。

部屋に戻ると「どうだった？」と愛さんが聞く。

「まだ目に力がありますから……」

私もまた次の言葉を飲み込む。

そんな身体になっても、オボロはきちんとトイレで排泄をしていた。

こんな状態でも目力のあるオボロ

そんな状態のオボロが来て、２回目の夏を迎えようとしたある日。

作業を終えた帰り際に愛さんとオボロの小屋に入ったとき、ベッドで横たわっていたオボロがゆっくりと頭を上げ、私たちのほうを振り向き、初めて力のない目で言った。


「もうダメ……」


初めて聞くオボロの言葉。オボロが命を諦めた瞬間だった。

愛さんと私は顔を見合わせる。

「もうダメって言ったよな」「言いましたね」二人でオボロの言葉を聞いた。

「明日の夕方……、連れて行くか」「……そうですね」


オボロは翌日の昼、誰にも看取らせず、ひとりで逝った。

最後の一瞬まで、命を諦めなかった小さな戦士の見事な最後。誇り高き死。

紙のように軽くなったオボロの身体を抱き上げる。

「よく死ねたね、お疲れ様。お疲れ様、本当にお疲れ様でした。偉かったね。最後まで命を諦めないで、オボロは偉いよ、すごい猫だ。何度も復活して見事な最後だね。自力で逝ってくれてありがとう。お世話させてくれてありがとう」

まったく悲しくない。後悔もない。もうオボロが苦しまなくていいと思うと、心から嬉しかった。なのに不思議とわんわんと号泣している自分がいた。


オボロはたくさんの花に埋もれて、祈りとともに埋葬された。

不思議なことにオボロが長い間暮らした部屋にも、埋葬したお墓にも、まったくオボロの気配がしなかった。

まったく何もない無の空間。お礼も感謝もなく、きれいごとも感動もない「生き物の自然死」。こんなに人間と関わったのに、ここまで何もない、という子もまた珍しいと私は思う。あえて言葉にするなら「我が人生に一点の悔いなし」だろうか。


確かにオボロの人生は点と点をつないだような人生だった。「今」という点を、一つひとつ、つなぎ合わせる生。

「今、苦しい」「今、ササミおいしい」「今、痛い」「今、カリカリ」。

そんな「今」という一瞬の点をつないでつないで、つないで、先を考えずにただただ「今」を生きることに全力だったオボロの人生。

今という点をつなぎ合わせた、オボロの施設での2年と少しの暮らし。

私たちは明日が来ることを知っているし、過去の反省を今に生かしたりして生きている。しかし、ときには過ぎ去った過去を思い悩み、後悔と罪悪感にうずくまることも少なくない。反対にまだ来ない未来を予測して「こうなったらどうしよう」「何がベストなのだろう?」とときに人間の能力以上の力を求め、動けなくなる。

「今、このときを生きる」そんな今という点の重なりが未来をつくり、その連続が人生になる。

オボロはそんな生き物のシンプルな生を見せてくれた。

きっと、オボロが私たち人間のように過去を悔やみ、未来にベストを求めたら、こんなに生きられなかったのではないか? と思う。

もちろん、長生きすればいいわけではない。しかし、今という点をつなげていったオボロの施設での毎日は、穏やかで幸せそうに私には見えた。

思いも後悔も気配もなにも残さない死。

思いや後悔を引きずるのは、いつも私たち人間のほうだ。

埋葬する前にべたべたに固まった、生前にとかせなかったオボロの毛をすいてあげたいと、オボロの遺体にスリッカー（毛梳《す》き）を当てた瞬間、「いいですから、いいですから！」と、大きな声が響いた。

「えっ⁉」

それは、遠くからホームレスのSさんが「（オボロのお墓の穴は自分が掘るから、妙玄さんは掘らなくて）いいですから」と私にかけた言葉だった。

ハッとした。私は苦笑しながら、スリッカーを持つ手を引っ込めた。

何の言葉も思いも残していかなかったオボロに、何やってんだ……、私は。

自己満足だと認識して「オボロちゃん、私がとかしたいから、やらせてね」ならまだしも、このとき私はつい「オボロ……、生きている間にとかしてあげられなくて、ごめんね。ごめんね」と語りかけていたのだ。間髪入れずに言われたわけだ「いいですから！」と。

ごめん。うざったい女で。

このように亡きペット（人）の声はときとして、こうして私たちに語りかけてくるのだろう。

絶妙なタイミングなのだが、それに気づくか気づかないか、また、その現象に意味を持たせるか無視するかは、その人次第だ。

未練を持つのは私たち飼い主のほうである。

多くの人が「うちの子に謝りたい」「ごめんね。ごめんね」というけれど、明らかな虐待のようなことは別として、こうして私たち飼い主は、やっと苦しみから解放された魂を私たち自らが創り上げた未練・後悔・罪悪感といった想念で、天に上がろうとしている魂をこの世に引き止めることがある。


オボロには、お経も灯明《とうみょう》も香《こう》も必要がないように感じた。

この見事に生《せい》を生《い》ききった魂に、私は未練にも何をしようとしたのか……。

「すごい生き様を見せてくれてありがとう。見事な生に関わらせてくれてありがとう。潔い死を送らせてくれてありがとう。お世話させてくれてありがとう。オボロちゃん、大好き。オボロちゃん、大好き！」

私はただ手を合わせ、オボロにそんな言葉を送った。


病気の子は、特に大きな気づきとギフトを私たちにくれる。

健康な子は「笑いや楽しさ」をたくさんくれるが、病気の子はその介護を通して本当の自分（私たち）の姿を見せてくれたり、優しくなる術を教えてくれる。たくさんの気づきを学ばせてくれると私は思う。

それは諦観や悟りといわれるもので、私たちはそこから人生の刹那《せつな》を学ぶ。

健康な子と暮らしていると、「もっとこれもあれも」「もっと快適に」「もっと長生きを」「もっともっと、もっと……」と生に貪欲になり、その生に執着しがちになる。健康な子は今だけでなく、明日も来ると思い込んでいるから。その生がずっと続くと私たちは思いこんでいるから。

しかし、病気の子だと「今はラクそうで嬉しい」「今日はご飯を食べられてありがたい」「今日はうんちが出て良かった」「苦しまないで逝けますように」と、今に感謝し、命の終わりを意識せざるを得ない状況の中で、死生観を考え、その終焉が穏やかであるようにと飼い主の思いも変化していくことが多い。

病気の子が教える人生と悟り。スピリチュアルな神秘体験、亡きペット（人）の言葉は、特殊な人が語る言葉ではない。宗教や供養の真髄は、書物や教会、寺の中に秘密に閉じ込められているのではない。

こうして日常の行動の中で受け取れるように散りばめられている。

それは人や時を選ばない平等なもので、それを教えるのは今、あなたの目の前にいてくれる存在である。

それを私たち日本人は「ご縁」と呼ぶのだ。

子猫事件簿①

生まれたばかりの赤ちゃん猫は、通常2～3時間おきにお母さん猫のおっぱいを飲み、背中をなめてもらいゲップをし、おしりをなめられて排泄をする。お母さん猫は排泄物をきれいになめとるので、子育て場所は通常はそんなに汚れることはない。

子育て期間中のお母さん猫は、ほとんど食事もとらず、（たとえ食べるときもかき込むように飲み込む）赤ちゃん猫につきっきりだ。そのお腹は赤ちゃん猫にお乳を吸われ噛まれ、ひっかかれ傷だらけになる。

それでも母猫は文字通り「なめるようにして育てる」。

母乳の期間が終わると、こんどは自分が食べたものを口移しで離乳食として、赤ちゃんから少し成長した子猫に与える。子猫たちは母に守られ兄弟とじゃれて遊び、猫界のルールを学びながら健全に育っていく。

一通りのことを子猫に教えて子猫が幼猫くらいに成長すると、母猫は徐々に子育てを終え、子離れの体制をとり始める。

いつまでも甘えたい子猫が近寄ると、「あっちへ行け」と追い払う。初めはしつこく母猫にまとわりついていた子猫たちも、母猫の剣幕にだんだんと親離れすることを学ぶのだ。

そうするともう巣立ちのとき、他の猫科の動物と同様、単独行動の長い人生を一人で歩き始める。

この一連の子育てを見ていると、なんと見事な子育てなのだろう、といたく感心する。私たち人間も幼い頃は親に守られて育つが、親離れの時期になると今度は友人や学校、社会から物事の道理や倫理、礼儀やマナーを学び、**傷つき傷つけられ挫折から人生を学ぶ。**

しかし、実際は子をいつまでも離さない親も多く、親からいつまでも離れない子も多い。そのような相互依存が不健全な形で形成されると、子供はいくつになっても自立ができない。自立のための力も知恵も勇気も学んでこなかったから。

その点、猫の子育ては潔くあっぱれだと、毎回その現場を見るたびに感動する。

一方で、人間に捨てられた赤ちゃん猫たちは、その「なめるように育てる期間」と「潔く、あっぱれな子育て」を人の手に頼るようになる。

誰の手か？　うっかり（たいていは仕方なく、または運悪く見つけてしまった）その命を保護してしまった人の手だ。

通常は春に発情して初夏に子猫を生むのが定例だった猫界も、異常気象の影響を受けたのか、季節はずれの時期でも子猫を生むようになってきている。

そして相変わらず、ビニールの袋やダンボール、紙袋に入れられ捨てられる子猫が後を絶たない。

夏場にビニールに入れられ袋の口を閉じられた子猫は、たいていは蒸れて強烈な腐敗臭を放ち、悲惨な状況で死んでいることが多い。

ダンボールや紙袋に入れられた赤ちゃん猫も、まだ目も開かない状態で何十匹ものノミにたかられ、体液や目ヤニや膿でグチャグチャになっていることが多い。雨に打たれてズブ濡れの場合も珍しくない。

ノミって私たちが一ヶ所噛まれても、かゆくてかゆくて、何週間もかゆさや跡が残るのに。スティックノリサイズの生まれたての赤ちゃんには、どんなに過酷なことだろう。

それでも、まだ優しい人（または泣く泣く見逃せなかった人）に発見されれば、生きる可能性も出てくる。誰の手も差し伸べられなかった場合はそのまま死ぬか、カラスに突つかれ食べられることになる。

施設のボランティアに通うようになってから、春〜夏の間は子猫の世話に明け暮れる生活になる。かわいい子猫もまだ目も開かないのが、うじゃうじゃ来ると「どっひゃぁぁぁ〜〜〜！」と思わず涙目だ。

なんたって母猫がやるはずの「なめるように育てる期間」と「潔く、あっぱれな子育て」を私がやる羽目になるのだ。

もう最近は子猫のカレンダーやポスターを見ると「かわいい♪」ではなく「ひぇ〜〜〜！」と直視できず、顔をそむけ、そそくさと逃げる身体になってしまった。


施設近くの公園には子猫シーズンになると捨てられる子猫も多く、ホームレスさんの小屋の中や周辺に箱ごと捨てていく一般家庭の人もいる。

まだ目も開いていない赤ちゃん猫も多く、中にはへその尾が付いている赤ちゃん猫までいる。

母猫の母乳だけが生きる糧の赤ちゃんのそばに、コンビニのおにぎりが入れられていることも少なくない。

思わず「なんだこりゃ！」と怒りもわきあがるのだが、実際は怒っている余裕はない。

捨てられた子猫の生死は、発見時にどれだけ迅速な授乳と手当てができるかにかかっているからだ。通常、赤ちゃん猫は2時間半〜3時間くらいの間隔で、少しずつミルクを飲む。まだ身体ができたてのほやほやなので、少しのミルクをゆっくりとしか飲めない。だから、短時間おきにミルクを与え、尿道を刺激して排泄もさせる必要がある。

だから捨てられた赤ちゃん猫の場合、この子が最後にミルクを飲んだのはいつだかわからないが、少なくとも発見した人が施設に来て、施設に私が来るまでの間を考えると（個人施設なのでいつも誰かがいるわけではない）、命のタイムリミットがギリギリのタイミングばかりなのだと思う。

ちっちゃな歯が生え始めたそろそろ離乳の捨て子猫の場合、風邪をひいている子も多く、鼻汁で鼻がふさがっていたり、目ヤニがのりのようにかたまり、閉じられた瞼の中が膿でパンパンになっている。もちろんそうなると目も見えず、呼吸もままならない。問題は一刻を争う。とにかくすぐに丁寧に目を開けて、たまった膿を洗浄する必要がある。時間がたつとばい菌がいっぱいの膿で、角膜が破裂してしまうのだ。角膜が破裂すると視力を失う。失明してしまうのだ。

そんな子猫引き取りの相談で施設に来るのが一般人の場合は、にべもなく断る。もちろん、子猫を育てる方法や必要なもの、環境、里親探しの方法など、必要な情報はお伝えする。

しかし、私たちは仕事をしながらボラをやっていて、この施設は愛さんが早朝から深夜まで働いた資金だけで運営されているのだ。団体でもなく資金援助があるわけでもない。とくに子猫の世話ができるのは私しかいない。しかし、私も仕事や寺の法要があるのだ。その上、施設には他にもたくさんの保護犬・猫がいる。

一般の人はどんな事情があるにせよ、明日食べるものが買えないわけではない。家族や友人だっている。家もある。自力で育て里親探しの道を模索してほしいとお願いする。その子は意味があって、その人を選んで目の前に現れたのだし、それがご縁なのだから。

しかし、ホームレスさんが申し訳なさそうに捨てられた子猫を持ってくると、私たちには断る選択肢がない。

ホームレスさんは今晩食べるものを買うお金さえない人も多く、多少持っていてもそれは微々たる金額。そもそも家という保護場所も持たない。

子猫を見つけたホームレスさんはみな申し訳なさそうに「妙玄さん。どうしよう……」「まいっちゃったよ」と言う。

「うう……」まいるのは毎回、私のほうである。

ホームレスさんが悪いわけではないのだが、子猫を見つけて施設に持ってくるだけなら誰でもできる。その行為を「いいことをした」と認識され、繰り返されると困るのだ。

子猫の世話ができるのが私しかいないため、子猫を受け取ったときから、仕事を抱え、眠れない・休めない・つきっきりという長い長い数ヶ月が始まるのだから。

そして、子猫のミルク、備品、保温器具、ワクチン、病気検査、去勢・避妊、病気治療、一時預かりしてもらうときの缶詰などの代金、里親探しをしてくださる方へのお礼など、１匹の子猫に数万円。さまざまな養育費が愛さんにもかかってくる。

たくさん育てた子猫のほとんどは、翌年には覚えていないことが多い。

ようやっと離乳までこぎつけ、そこからさらに里親会に出せるまで世話をする間に、また似たような模様の子がどんどこ来るから……。

けれどなかには覚えているというよりも、忘れられない子もいる。その子たちはどの子も、発見時かなり強烈なインパクトだった子だ。残念ながら悪い意味でなのだが……。

『コロンちゃん』

真夏の暑さが強烈なある日。施設に行くと小さなダンボールがケージに入っていた。ものすごくヤな予感……。

恐る恐る覗き、思わず「はぁぁぁ〜〜〜」と大きなため息がもれる。そこには、まだへその緒がついたままの赤ちゃん猫が入っていた。愛さんが敷いたであろう、ふかふかのタオルの上にいるのだが無数のノミが中で跳ねていた。

とにかくミルクを！　と思ったときに、愛さんがミルクと授乳セットを持ってやってきた。

「この子、これに入ってた」と愛さんが見せた小さな袋には、この子の体液？　と無数のノミが跳ねていた。まわりには千切ったパンくずが入れられていた。「鳩じゃねぇ！」と思わずこぼすも、こんな場合、私たちには怒りの時間も与えられない。

まだへその緒が付いている。初乳は飲めたのだろうか？

そんなことを考えつつミルクを与え、ていねいに身体をふき、できるだけノミをとる。ノミは他の子や私たちにもつくので、本当はすぐにでもさっとお風呂に入れてノミを落としてあげたいのだが、今はミルクを飲ませることが先決だ。

数回ミルクを飲んでくれたので、思い切ってサッとお風呂に入れる。

お風呂にいれノミを全て落とし身体を拭いて、ドライヤーで乾かし終えるまで2分を切るという早業を私は身につけていた。

赤ちゃんを引き上げたお湯には、数十匹のノミとへその緒が浮いていた。

赤ちゃん猫を新しいふかふかタオルの上に置く。

「さっぱりしたね〜。気持ちいいかなぁ〜」と声をかけたが、赤ちゃん猫は身体中ノミに喰われてボコボコ。

「まだ、気持ちよくないか……、かゆいよね。自分でかけないしね。これからどんどん楽になるから、頑張ろうね」と身体をなでる。

体重は90グラムほど、スティックノリより2周りくらい大きな手のひらサイズ。猫というよりネズミに近い。生きられるかギリギリの体重だ。

ふっ〜〜〜っと、大きなためいきをもらして「これから頑張るのは私のほうだなぁ……」と思わず愚痴がこぼれる。

この子以外にも少し成長した子猫たちがいたのだが、この子はまだ生まれたてだったので、私が自宅に連れ帰り、どこに行くにも授乳のためポットにミルクを溶くお湯を入れ、赤ちゃんを持ち歩く羽目になる。

私は仕事がら外出も多いので、そのときだけでもお願いできる方を探したのだが、見つからず連れ歩いた。

夏場なのでクーラーが強い場所も多く、そのときは直接お腹に子猫を入れて暖めていた。ただ……、それを忘れて立ち上がることもあり、この子はよく私の身体からコロンコロンと転がり落ちた。そのたびに「うわぁ！」と一気に冷や汗が噴き出す。

自分への注意も込めて、「コロンちゃん」と命名。

愛さんに「なんでコロンなの？」と聞かれ、「ころころ太るように」と、うそをつく。ころころ落とすから……、なんて言ったら、怒られるから（苦笑）。


生まれたての赤ちゃん猫の授乳は、2時間半おきから始めている。ミルク用の容器類を煮沸して、授乳、ゲップ、排泄、また煮沸で30分。これが頭数が増えると、なんだかこのローテーションが一日中続く。

フラフラになりながら、今日は何グラム、今日は何グラムと、毎日の体重測定に、「早く離乳できますように……」と祈るも、こればかりは数ヶ月と期間が決まっている。


赤ちゃん猫がようやく立てるようになり、よちよちと歩きだすと身体的な世話の他に、大切なことが必要になってくる。お母さん猫の感触・感覚だ。

通常はお母さん猫と兄弟猫に囲まれて、子猫はその社会性を学んでいくのだが、このように1匹で人間に育てられた場合、猫界のルールや社会性を学べない事態になりがちだ。そうすると大きくなっても加減がわからず、容赦なく人を噛んだり、引っ掻いたりするようになってしまうことがある。

そうさせないためには、せめて大人の猫に接する機会が必要なのだ。

しかし、うちにいる「はんにゃ」（♀）は猫が大嫌いなケンカ猫で、かつて子猫の乳母をお願いしようとしたときに、本気で子猫に猫パンチを食らわせ、吹っ飛ばした女である。

う～～～ん、危険。施設のメス猫に頼んでみる。


『ちっち』

かつて、自分が生んだ子猫と一緒に旅行カバンに入れられて捨てられた猫。猫嫌いの彼女だが、かつては母だったのだ。乳母をやってくれるかも……。

「おかあさ～～ん、よろちくね～～」精一杯のこびを売り、コロンちゃんをそっと近づける。

ちっちの背中が一瞬で総毛立ち、ふーーー！　ふーーー!!　しっぽがタヌキのように膨らむ。

まさに臨戦態勢。

（ぎゃぁ～～～、怖いぃ～！）……断念。


『ミンミン』

私が「阿部定《さだ》」とあだ名をつけている〝愛さん命〟のＫＹ猫。いつも他の猫から、愛さんを独り占めしようともくろんでいる。そこはかとなく性格が悪いのだが、フーとかシャーとかいう激しいところがないので、一応頼んでみる。

「ミンミ〜〜〜ン、赤ちゃんでちゅぅ〜〜〜」

じーーーーっと、赤ちゃんを見つめるミンミン。

(お……、拒否らない？　いける？)

無表情のまま、いきなり、バシッ！　小さなコロンちゃんの脳天に猫パンチ！

「うわぁーーー」

急いで子猫を抱き上げる。

「定！　お前は鬼女やぁ！」

『キャラ、ミー子、チョコ、ゆき、元気、あおい……』

みんな、コロンちゃんを見たとたん、逃げる。あとは病気がある子と超凶暴、超びびりのメスしかいない……。

「こんなにメス猫が何十匹もいるのに……、無駄にいっぱいいる」

定ことミンミン

施設のメス猫は全滅である。

かつては「黒べぇ」というとても立派なオスのボス猫がいた。彼はボス猫らしく、強く優しい猫で、晩年脳梗塞になり、よたよたになってからも子猫たちの世話をよくしてくれたのだが……。今はもう天に帰ってしまった。

ああ、黒べぇ……。

他のオス猫は問題外。まったくダメ。話にならん。

唯一、目も鼻も耳もきかないオスのピースだけが受け入れてくれるのだが、いかんせん三重苦なので、もう少しコロンちゃんが成長しないと、踏まれたり、つぶされたりする可能性があるので危なくて頼めない。


肩を落として帰宅。

「ああ……、こまったなぁ。誰か、猫のぬくもりを与えてくれないかなぁ……」

部屋にコロンちゃんを入れると「はんにゃ」が、匂いをかぎにやってきた。

コロンちゃんを抱いたまま、おしりの匂いをはんにゃにかがせる。

ダメもとで嫌がるはんにゃを追い回し、その行為を繰り返す。

数日して、はんにゃが私の抱っこしているコロンちゃんをなめ始めた。

「へっ⁉」

そのうち、はんにゃに授乳後のコロンちゃんを渡すと排泄器官をなめ、おしっことウンチをなめとってくれるようになった。

「へぇーーー」びっくりである。

こうなるとグンと私の負担が減る。とにかく私はミルクだけあげていれば、あとは全てはんにゃがやってくれる。

排泄、遊び相手、自分のお腹にくるんでの保温。

驚いたことにコロンちゃんが噛み付いても、顔を引っ掻いても、はんにゃは我慢しているのだ。自分のお気に入りの場所にコロンがいると、場所を譲っている。

あのわがままな猫が⁉　あの猫嫌いの猫が⁉　大感心。

そうして、コロンちゃんはすくすくと成長していった。

その間、私は神仏に毎日祈っていた。

「この子が飛び切り優しい里親さんのもとに行けますように。広い空間で生活できますように。天に帰るまで里親さんのもとで愛されますように」

コロンとはんにゃ

それから、はんにゃは母性愛に目覚めたのか、本当によくコロンの世話をしてくれた。授乳があるので施設のボラに行くときなどは、コロンを連れて行ったのだが、帰宅するとはんにゃは丹念にコロンの体中をなめ、排泄物もきれいになめとってくれる。

はんにゃは自分の手入れはあまりしない猫なのだが、コロンのことはいつもピカピカにしてくれた。しっぽを猫じゃらしのように振って遊んでくれ、コロンに何をされても我慢していた。少し大きくなるとコロンがやりすぎのときは、きちんと教育的指導もしてくれた。いつもは思い切り噛み付くのに、コロンには甘噛みで手加減している。

こういう猫界のルールは私たち人間では教えることができない。

その後、縁あって同じ獣医さんに通う里親さんとご縁がつながった。

猫好きご一家の娘さんはイラストを書くお仕事で、なんと日中在宅だという。

獣医さんから「塩田さん、すっごくいい人とご縁をつなげたね～。大切にしてくれるよ」と言われたときは、思わず泣きだしてしまった。

はんにゃにお礼をいって、コロンは新しい里親さんのおうちに行った。

コロンがいなくなったことをはんにゃはあまり気にしていないふうで、今まで占領されていたお気にいりのベッドで丸一日寝たきりだった。

「疲れてたんだ……」思わず笑ってしまった。


「コロンちゃんは絶世の美女猫だから。あんなに美猫はいない」と施設で言っていると、愛さんが「普通の猫だけどな。かわいいけど……」と言う。

「えええ！　違いますよ。もんのすごく美猫ですよ。こんなに美しくてかわいい猫いませんよ」と私。

その間も子猫がひっきりなしに来たので、コロンちゃんの様子を聞くひまもなく数ヶ月が過ぎた。その後、里親さんが獣医さん経由で、数枚のコロンちゃんの写真をくださった。

そこにはご令嬢になったコロン改めクレイちゃんがいた。

先住猫とべったり一緒で、写真からでも里親さんの愛情があふれ出てくるようだった。

獣医さんでまた涙ぐむ。僧侶のくせに私はすぐに泣く（対象は動物限定だけど）。

すっかりとお姉さん猫に成長したコロンちゃんは、よく見ると……、愛さんが言った通り、普通のかわいさの猫だった。

（あっ、あれ？　絶世の美猫だと思ったのに……、普通のかわいい猫だ⁉）

う〜〜〜ん、子猫って、その〝目くらましの術〟が唯一の武器なんだろうなぁ。「かわいい！」「守ってあげたい！」そう思わせることによって、自分の世話をしてもらう。まだ生きるための牙も爪も、俊敏さも持たない子猫の唯一の武器「私ってかわいいでしょ」攻撃。

まんまとやられたなぁ。

里親さんからは「クレイはわがままさんですよ〜。うちではすごく威張ってます。先住猫もうちの兄もたじたじです」とメッセージをもらった。

すみません、私、かなり甘やかしましたので。

その後、すっかり成猫に成長したコロン（クレイちゃん）のアルバムをいただいた。

そのアルバムはさまざまなデコレーションがなされ、クレイちゃんのコメントつき、お姉さんのイラストつきという楽しいものだった。

「クレイはかわいい、かわいいとお兄ちゃんに抱っこされるたびに、お返しに噛み付いています」

「お姉ちゃん猫にもなめてもらったお礼に、よく噛み付いてます」

最後には「妙玄さん、私は元気です。妙玄さんとはんにゃの幸せを祈っています。お元気で」とニッコリ笑うコロンのイラストで締めくくられていた。

保護当時、まだへその緒がついたまま、無数のノミにたかられていた90グラムの小さな小さな姿を思い出す。


こんなご令嬢になっちゃって……。感動に胸が熱くなる。

コロンちゃん、お世話させてくれてありがとうね。よかったね。

私たち動物ボラの苦労が吹き飛ぶ瞬間である。

苦労が喜びに変わる瞬間である。


こうして、里親さんが離れたペットの声を届けてくれる。

その写真からあふれ出る笑顔、いたずら、遊び、楽しい、嬉しい、大好き！　さまざまなコロンの言葉が飛び出てくる。その言葉は全て、キラキラと光り輝くものばかりだ。


世の中には命を虐待する、捨てるということをする人間もいるが、反対に自分の損得を考えずにどんな命でも助けようとする人間もいる。

悪も伝染するが、勇気や滅私の精神もまた伝染する。

勇気や滅私の行為は同じループをたどってつながっていく。そこに進化や調和のネットワークが構築され、協力体制のもと、ますますたくさんのことができるようになるのだ。

施設でもいろいろな方面の協力者がいてくださる。そして私のブログを見てくださった方が心からの声援を送ってくださったりする。そんな命を保護する人、命を育てる人、命を紡ぐ人、命をサポートする人、たくさんの人はつながって、私たちはお互いを支え合う。

私たちは勇気をもらって、また小さな命を懸命に生かす努力をしていく。

援助したほうも嬉しい、援助されたほうも嬉しい。

この理想的な調和が私たち人間の目指す先ではないか、と私は思う。

コロンちゃんの話を友人にすると「すごい祈祷の力だね。さすが密教行者。良縁を法力《ほうりき》で手繰《たぐ》り寄せたか」と言われた。

（いや……、私の思いの強さだろう）と心で突っ込んでいたが、たしかにそのくらいの祈りの効力を持たないと高野山の僧侶になったかいがない（笑）。

子猫事件簿②

『片目のコジロー』


まだ夏のさかり。あるホームレスさんが公園のゲートにスーパーのビニール袋がぶらさがっているのを見つけた。特に気にすることもなく通り過ぎようとしたら、袋がかすかに動く。

恐る恐る袋を開くと、小さな子猫が入っていた。口を閉じられたビニールは蒸れて、子猫は瀕死の状態で施設に連れてこられた。前日にもダンボールに入れられ、ガムテープで閉じられた5匹の子猫がきたばかり。

（ああ……、私が身体が弱かったら、ここで、あああ〜〜〜と気絶できたのに）

意味不明の思考になる。

このときは離乳したての捨て子猫が5匹。前日保護の子猫が5匹、「その上またぁ〜〜〜」と思わず泣きが入る。泣きは入るが、泣いているひまがない。

白黒の小さな身体には無数のノミがたかっていたし、何より両目が膿でぱんぱんに腫れ上がり、目もふさがり、鼻も黄色の鼻汁でふさがったままだった。まだ離乳もしていない大きさ。

とにかく急いで目を浄水で洗う。膿を湿らせて静かに目を開くと、ぶしゅ〜〜〜と小さなまぶたから大量の膿が噴出してきた。そのまま目の洗浄をすると、中からかわいらしい瞳が現れた。

ホッとしたのも束の間。

もう一方の目の瞳がない！

ギョッとしてよく見るが、やはり瞳はない。

角膜破裂……。

風邪をひいた子は手当てが遅いと、不潔な膿で角膜が破裂することがある。角膜は破裂してしまうと光を失う。失明するのだ。

一縷《いちる》の望みで、急いで病院に行くもやはり手遅れだった。

少し大きくなった片目のコジロー

あとは3時間おきくらいに目薬を指し、目を乾燥させないよう、細菌感染を起こさないようにするしかない。それでも失明のままなのだが、細菌感染をすればさらに萎縮した眼球の摘出手術をする必要が出てくる。

私たちは目にゴミが入っただけでも痛い。それがまだ赤ちゃんなのに角膜が破裂したなんて、どんなに痛いことだろう。

私はまじめにきっちりと目薬をかかさなかった。ひんぱんに動物病院にも通う。

片目なので「コジロー」と名づけた。

愛さんに「なんでコジローなんだ?」と聞かれて、「佐々木小次郎からとりました」と言ったら「なんで佐々木コジロー?」「だって片目だから」。

愛さんに「佐々木コジローは片目じゃない！　誰とこんがらがってるんだ?」と聞かれる。

「へっ⁉　あれ?　佐々木コジローは片目じゃないの?」もう誰と間違ってるのか自分でもわからない。だいたいが歴史音痴だし。

いいの！　もうとにかくコジローって決めたのだが、その後もいろんな人に命名の理由を聞かれ、突っ込まれる羽目になった。

さて、施設にはたくさんの子猫がいるし、コジローだけはまだミルクも点眼も頻繁なので、持ち歩かないとならない。なので、できたら、せめて少しの間だけでも乳母《うば》に世話していただきたい。

ダメもとで再度、施設のメス猫に頼んでみる。

――全滅。

「ちっ！」思わずはしたない舌打ち。ダメもとというか、ダメダメである。

しかたない。最終兵器だ。

「は～～～んちゃぁぁ～～～ん」文字通り猫なで声で、ずりずり近づく。

はんにゃは今まで乳母をしてくれたのが、コロンちゃんだけなのだ。

コロンちゃんの世話をしてくれたので、その後もほかの子を頼もうと思ったら、ものすごい勢いで拒否られた。猫にも相性があるのだろうか？

案の定、初めは拒否られたが、ここはなんとしてもご協力を求めなければ私がパンクする。

嫌がるはんにゃに何度も何度も、コジローを近づける。

「はんちゃん、少しの間だからさ。少しの間の子守で毎食刺身がつくよ」

話が通じたのか、私がしつこかったのか、しぶしぶコジローの世話をしてくれることになった。

ただ、コジローは赤ちゃんで風邪をひいていたせいか、角膜破裂のせいかわからないが、極端に成長がおそい子猫だった。歩くのもいつまでたってもヨチヨチで、ずいぶんと私は心配した。身体も小さくひ弱。だけど、ものすごく甘えん坊でかわいい。

（また目くらましの術か！）

はんにゃがコジローの世話をし始めてくれたのはありがたいのだが、ランボーなのだ、彼女は。はんにゃになめられるたびに、ひ弱なコジローはゴロンゴロンと転がされていた。コジローをギュ～と抱きしめて、後ろ足でキックする。コジローの身体がえびぞるように反り返る。

「やめれ～～～、コジローが折れるぅ～～～」

なんだか、子猫とおもちゃの合いの子のよう。コジローはそんなはんにゃが怖いのか、あまり近寄ろうとしなかった。が、たまにくっついて寝ているところをみると、やはり同種の存在は必要であるんだろうなぁと思う。

身体は小さいながらもコジローは少しずつ成長していき、ほぼ3ヶ月、毎日3時間おきに続けた点眼もようやっと不要になった。私、これでやっと続けて眠れる……。

私は常に私の後追いをするこの片目の子猫が不憫でかわいくて仕方なかった。

数ある子猫で「自分で飼ってあげたいな……」と思った子は初めてだ。

コロンちゃんももちろんかわいかったのだが、綺麗で健康な子だったので、里親さんはすぐ決まると思っていた。

しかし、コジローはなかなか里親が決まらず、一緒の時期に保護した子が次々と里親の元に行き、後からきた子猫たちも次々と里親が決まっていく中で、コジローだけはいつまでも決まらない。

「うちで飼ってあげたい」そう思っても私は通常、家には眠る時間にしかいない。それにしょっちゅう寺や出張に行く。猫にとっていい環境ではない。

それに、自宅で保護動物を抱えると身動きがとれなくなってしまうし、自分のペットがいつも健康でいてくれるとは限らない。

里親探しをしてくださるMさんが「大丈夫、コジローは決まるから」と言ってくださる。コジローはMさんの家から里親会に連れて行ってもらうことになった。

しかし、秋が深くなってもコジローだけ里親が決まらなかった。どうしよう……、施設の子にしようか、愛さんと相談。ただ、施設は経済的な問題もあるし、とにかく人手がない。

愛さんの年齢や体調を考えると1匹でも減らしていきたいのだ。

それに、新たな子猫シーズンは毎年くるのだ。

コジローはとてもおとなしく控えめ、優しくて甘えん坊で性格がいい。本当にかわいい。片目だけど生活にまったく支障はない。

施設にも子猫の頃に風邪で角膜が破裂して、捨てられた片目の猫が数匹いる。元気とジャムとミイコ。もう初老なのだがすごく健康で不自由もない。

とにかく生活に支障はないのだし、このとびきりかわいい子に、どうか優しい手が差し伸べられますように。

「片目なんか気にしない。一緒に暮らそう」

そう言ってくれる愛情あふれる人が必ずいるはず。私は祈る。コジローが大切に愛されるイメージを観念し、祈り続けた。

秋も終わる頃、コジローの里親さんが決まったとMさんから連絡があった。最後にコジローには会えなかったが、仲良しのミケちゃん（メス）と一緒にもらわれたという。

里親さんからの写真付きのメールをMさんが見せてくれた。

そこには「とにかくボンちゃん（コジロー）にメロメロです。甘えん坊で、とにかくかわいくてかわいくて……」というラブレターとともに、熱心な質問が添えてあった。

その質問には里親さんの誠実さと愛情がたっぷり詰まっていた。

そして写真には、もうひ弱ではなく立派なオス猫に成長した、りりしいコジローの姿が映っていた。

また泣く。う、う……、嬉しい。

これから長い間コジローは、私が大切に大切に慈しんだ思いとともに、里親さんのもとで幸せに暮らし、天に帰るときは大泣きしてもらうのだろう。

里親さんに祈りを向ける。

コジローが天に帰るときには、たくさん泣いてください。

山ほど愛した分、山ほど泣いてください。

それほど愛する対象に出会えた人生は、光り輝く幸せな人生です。

感謝を込めて里親さんに祈る。

まさに、与えたことが与えられることなのだと実感する。本当に素敵な里親さんとご縁がつながったのだから。

捨てる人いれば、拾う神あり。昔の人はいいことを言う。

『ちびキジ』

子猫がわんさかきた異常な夏。

たくさんの子猫を抱えフラフラのところで、また愛さんがダンボールを持ってきた。

「ああ……、猫探知機がまた見つけてきた。誰かあの装置を止めてくれ！」

泣きが入る。もう限界だよ。

涙目になりながらダンボールをのぞくと、なんとも奇妙な状態の子猫がいた。そろそろ離乳時期くらいの、キジトラの子猫が２匹。

１匹はぐっしょりと濡れていて、すでに死んでいた。もう１匹はまったく濡れてなく、弱ってはいたがまだ生きている。そして、ダンボール箱は濡れていない。

「どういうことだろう……」愛さんが首をかしげる。１匹だけ水に沈められたのだろうか？　そして不思議なことに死んでいる子は、顔の位置で両手をぴたっとくっつけて合掌したまま死んでいたのだ。

「こんな格好で死ぬことがあるんだろうか？　かわいそうに……。まるで兄弟のことをお願いします、って言ってるみたいだな」

愛さんの言葉通り、通常、猫がピタッと両手を合わせて合掌したまま亡くなるのは、かなり不自然な格好だ。それになんでこの子だけぐっしょり濡れているのか？　いくら仮説を立てても、真相は今もわからない。

真相はわからないが、亡くなった子が「兄弟をお願いします」って言ってるんなら、もう1匹の猫はなんとしても助けたい。

亡くなっていた子を埋葬して手を合わせる。合掌。合掌したまま亡くなっていたこの子の姿と重なる。

(どんな意味があるのだろう……)


生き残った子猫は何とか生きていたものの、亡くなった子に比べてかなり小さいし弱々しい。ミルクもほとんど飲んでくれない。水のような下痢が止まらない。獣医さんに治療に通うが、なかなかよくならない。

お世話になっている獣医さんは、往復と診察時間を考えると1時間半~2時間かかる。連日の病院通いはかなりきつかったのだが、それでも治ってくれるならいい。

「ちょっと、心配な体形だなぁ……」愛さんがつぶやく。

確かに白血病や猫エイズを持っている子は、子猫のとき独特の体形になることがある。

通常、犬猫は手足がひょろっと長くなったり耳が大きくなったり、けっこうアンバランスに成長することが多いのだが。健康な子はどの子もミルクを欲しがり、授乳後はお腹がパンパンになり眠る。飲んで、出して、寝る。授乳期間はほぼこのサイクルの繰り返しだ。

しかし、ちびキジはミルクもほとんど飲まずお腹も膨れない。下痢も止まったり、始まったりで安定しない。結果、体重が増えない。この頃の赤ちゃん猫は、日々成長していくものなのに……。

施設では里親募集に出す前には、必ずワクチンと血液検査をする。

血液検査ではエイズや白血病のチェックをするのだ。

子猫の血液検査の際は「どうか病気がありませんように」と祈る。ほとんど大丈夫なのだが、たくさん保護する子の中には、やはり病気の子も出てくるのは致し方ない。

このちびキジはなんとも弱々しいし心配な体形なのだ。しかし、血液検査はある程度成長しないと確定診断が難しい。弱々しいちびキジはなんというか、命の力強さがそのまま儚《はかな》げな美にとって代わったが如く、超美形な男の子だった。

超美形のちびキジ

私が見た猫の中で一番の美形。いや……、目くらましじゃなくて、ほんとに。
ただ身体の弱さが、その愛らしさをますます引き立たせているようだった。

心配しながらの病院通いが続く。まだ小さすぎて検査はできない。

そこにダブってまた子猫がきた。また5匹！　ひと腹だ！　それに全員ひどい猫風邪をひいている。この子たちはもう離乳時期まで成長していたので、風邪に関してはそんなに問題ないと思った。問題はちびキジにうつることだった。

このときの施設は、大人の猫たちも風邪の集団感染していて、体力のないちびキジには危険な場所。かくいう私も自分の仕事や日々の作業に加え、大人猫の風邪の治療、子猫の授乳や世話に治療、ちびキジの病院通いでどうにもならなくなっていた。

私は困り果てて、いつも里親会でお世話になっているMさんに相談した。このときMさんもたくさんの子猫を抱えていて、大変さしんどさは私と同じ。できるなら相談したくなかったが仕方がない。Mさんは「うちでもみんな風邪ひいてるからなぁ……、うちも危険だけど何とかするから待ってて」と、その日のうちに、Mさんは預かりさんを探してくださった。

すぐにMさんと一緒に紹介していただいたOさんのご自宅に伺う。

センスのいいとても素敵な大きなお家。

通された お部屋はモデルルームのように綺麗で、調度品も立派なものばかり。

(なんだかこんな綺麗なお宅なのに、虚弱・下痢体質の子猫のお世話をお願いしていいのかなぁ……)

お会いしたOさんはちびキジを見るなり、「うわぁ〜、なんてかわいい子! かわいいですね〜」と一目で気に入ってくださった。

とても美しく上品な女性。それにめちゃめちゃ優しい! す……、素敵……。

Oさんは「うち、やっと保護した子が一桁になったから、大丈夫。お預かりしますよ。病院も近いし」と言ってくれた。

「Oさんは塩田さんより赤ちゃん猫の経験が長いから、大丈夫よ」とMさんが笑う。

「でも……、こんな綺麗なお部屋じゃぁ……。今は下痢は止まってますけど、汚しちゃったら」

思わず遠慮する私。

「大丈夫よ〜。汚れたら拭きますから」とOさん。女神さまだ!

「あの……、まだ小さいのでエイズと白血病の検査ができなくて……。先住さんもいて大丈夫ですか?」とお会いする前にも、Mさんからお伝えいただいた内容を再度お聞きした。

「大丈夫よ。うつりませんから。かりにうつっても大丈夫」とOさんが即答してくれた。

Ｏさんはもちろん、エイズと白血病が血液・唾液感染なのを知っている。知っているのに断言してくれた。

やっぱり、女神さまだ……。

きっと、本当に大丈夫なのだ、こんなときは。

思わず合掌して拝ませていただき、何度も頭を下げて、ちびキジをお預けした。

それからというもの、ちびキジは高齢の先住猫たちにも受け入れてもらえて、遊んでもらったりしているが、止まっていた下痢が始まりＯさんは獣医さんに日参してくださった。

私はちびキジも心配だったが、やはり先住猫に何か感染したら申し訳ないと思い、血液検査の結果を教えてもらえるようお願いした。

もし病気があれば、施設に戻してもらおうと愛さんと相談していたのだ。

ちびキジの下痢はやはり治らず体重もあまり増えない。食が細くいつまでたってもヨチヨチ歩きのままだという。

そのように一生下痢体質という子は施設に何匹かいる。みんな不思議と下痢以外は健康で長生きなのだが、あちこち汚されるのでボラ泣かせだ。そして、その子たちはみな里親先からの出戻り組である。

しかたないよなぁ……、とも思う。

施設ではオムツなどせず自由にさせているのだが、イスや机、床、棚、カバーなどあらゆるものを毎日拭き洗濯する羽目になる。

このような子を家庭で飼うのは無理がある。たとえ里親に出せるまで成長できても里親にいくのは難しい。よほど愛情深くて手厚くしてくださる方でないと、ちびキジは無理だ。

Oさんも治療と掃除で大変だろうからもう少し預かっていただき、施設の子猫たちがひと段落したら、やはりちびキジを迎えに行こうと思っていた矢先、Mさんから連絡があった。

「あのちびキジ君ね、Oさんがもらってくれるって」

「えぇぇぇぇーーーっ‼」

びっくり仰天してOさんに問い合わせた。

「もうね～一目見た瞬間から、こりゃダメだ、手放せないなって思ったの。私がもらってもいいですか？」

いいもなにも……、「でも、もし病気があったら……」と言うと、

「検査はしません。結果がわかっても治るわけではないから、病気が発症したらそのときに適切な治療をしますから。それまで、知らなくていいと思ってるの。もし病気があっても大丈夫よ」

すごい！　ほんとにすごい！

ちびキジは女神さまを引き寄せたんだ。

それから1年近くがたち、ちびキジと再会。

「もうね、すっかり下痢も治って、今はものすごくいたずらな元気な猫よ」

なんと、あの赤ちゃんのときから何ヶ月も続いた下痢が治ったという。

すごい……。Oさんは法力を使うのか？

その法力の名は「愛情」というのかもしれない。

ぷーちゃんと命名されたとびきりハンサムなお兄ちゃん猫が現れた。韓流スターのような美貌はかわらない。

「ああ、立派になって……。すっかりたくましくなりましたね。それに相変わらずかわいいですよね～」思わず涙ぐむと、

「そう！　ぷーちゃんはかわいいのよ～。我が家のアイドルだから」とOさんが自慢げに笑う。

「長い期間、下痢が止まらず大変でしたね」というと、「う～ん、私あまり気にしないの。楽しかったですよ」とOさんはニッコリ笑う。

「また乳飲み子がきたら預かりますよ。遠慮せずに言ってくださいね」

すごいなぁ～。こんな方とご縁ができるなんて。

ちびキジは2階に帰るとき、階段の途中で振り返って私を見た。

「よかったね」

ふいにそんな言葉が飛び込んできた。

「えっ？」

もうちびキジはいなかった。


「よかったよ」じゃなく、「よかったね」って、なんだろう？


次の瞬間「あっ！」と気づいた。

もしかして、ちびキジがよかったんじゃなくて、私がOさんとご縁ができてよかったの？　ちびキジはそのために施設に来たの？

天使降臨。そして女神の登場……。

この出会いをそんなドラマチックに考える。だってそのほうが絶対楽しい！

私はOさんのようなこういう女性になりたかったのに、いつから美しさがおおざっぱさになり、気品が根性に変わったのだろうか？　いや、違う。もともと美しさや気品はないか……。自慢じゃないが、根性には自信があるんだけど。

私は何回転生したら、こういう女性になれるのだろう？

私の目標は「美智子皇后」なのだが、いつも「妙玄さんってガッツあるよね」「いつも元気で健康そう！」といわれる。違うの。そういう言葉がほしかったんじゃないの、私……。

まぁ、そんなこんなの出会いがあるのもこういう活動の楽しみであり、エネルギーの源である。

子猫の話から脱線しているが、私はあえてこのような話を入れた。

このような保護活動を続けていると、とにかく犬猫の話ばかり、犬猫中心とした思考になりがちだ。

でも、このように素敵な人と出会ったときに「ああ、素敵だなぁ。どうしてこんなに品があるんだろう。こんなふうになれたらいいいな」と思いながら接しないと、せっかくの出会いがもったいない。新しい出会いは新しい学びの大チャンス！　年を重ねていくと出会い自体が少なくなるのだから、猫しか見ないでこんなチャンスを見逃したらもったいない。というより、ちびキジがご縁をつなげてくれたのだから。

猫という中心ばかり見るのではなく、その猫を取り巻く周辺、環境、関わってくれる人、そういうところに視野を広げると、違った角度からの視点ができたり新たな発見があったりする。

そして、それは「発想の転換」となり、他者との世界の広がりにつながっていく。同じ環境で同じサイクルの生活をしていると、同じ思考パターンになる。同じような諦め、同じような解決法。またこのパターン？　そんな経験はないだろうか？　要するに成長できなくなるのだ。

なぜ、このような脱線話を続けているかというと……。

家庭や人生を破壊するようなペットロスになる場合が、そういう視野狭窄の中で起こるからだ。「この子と私」「この子には私しかいない」「私の責任」ぐるぐる堂々巡りになりがちな「私とこの子だけの世界」。

その「この子と私」という中心から視点を上げ周囲を見ると、何が見えるか？

悲しいのは自分だけじゃない。家人も悲しんでいる。悲しみの表現方法が違うだけなんだ。家族がいたから、夫がいたから、この子と暮らせた。家があったからこの子と住めた。仕事をしていたから十分に治療をしてあげられた。獣医さんも一生懸命だった。友人もたくさん心配し励ましてくれた。

周囲を見るとたくさんの情報が見えてくる。決してあなたとその子は二人きりの世界に生きているのではない。

たくさんのつながりの中で生かされてきたのだから、その子の命はあなたのものではない。あなたがコントロールできるものではないのだ。

この子猫たちが、引き寄せてくれたご縁。
子猫たちの命をつなぐリレーが、さまざまなご縁を紡いでいく。
このような気づきと出会いの喜びが人生の醍醐味であり、ボラの報酬でもある。

第2章

魂の琴線に響くとき

過去の過ちを浄化する

前作『ペットがあなたを選んだ理由』を出版して、すぐに古い知り合いから連絡があった。その方は昔お世話になった方で、現在60代後半でアメリカ在住の男性Aさん。インターネットで私の本を知り、購入したということだった。

「塩田さんがお坊さんになって、こんな感動的なペットの本を出しているなんて」

この年代の男性でこのように素直な感情表現をされる方はすごく珍しい。多くの年配の男性はご自分の感情を飲み込み、抱え込む。アメリカ滞在が長いから表現がストレートなのだろうか？

Aさんはすぐに京都に住む娘さんに頼んで、私がボランティアで行っている施設の子に良質の缶詰やドライフード、そのときたくさん抱えていた捨てられた子猫たちのためにミルクを送ってくださった。

お礼を言うと、アメリカでも犬猫の保護活動をしている団体に援助しているから、と言ってくれた。

しばらくすると「とにかく会いたい」とおっしゃるので、「私は嬉しいですが、アメリカからわざわざ帰国されるのですか？」というと「今は仕事も引退しているから、お墓参りもかねて行く」とのこと。では、私の自宅にいらしてください、と後日お会いすることになった。

ほぼ二十数年ぶりに再会したAさんは、素敵なナイスミドルになっていた。

「これ、うちの子なんです」

Aさんは几帳面に整理された単行本サイズのアルバムを見せてくれた。そのアルバムはAさんの愛犬ラブラドールレトリバーのハリーの写真集だった。真っ黒の被毛は写真でもわかるくらいによく手入れされ、ビロードのように輝いている。

「きれいな子ですね。どの写真も笑ってますねぇ」と言うと、「そうなんです。本当にきれいで賢くて陽気で、優しい犬なんですよ。我が家の宝物です。こんなにペットがかわいくなるとは思いもしませんでした」

ベッドを占領して眠るハリー。プールに飛び込むハリー。お誕生日に大きなケーキをもらうハリー。季節ごとに家族とコスプレするハリー。どれもAさん家族との愛情あふれる写真だ。しかし、そのきらびやかなアルバムと不釣合いな古ぼけた写真が最後に1枚あった。

ぴんボケ気味のその写真には、小さく1頭の雑種が写っていた。その姿は頭を落として縮こまっていて、失礼ながらとても不幸そうに見えた。

「この子は?」と聞くと、Aさんは眉間にしわを寄せながら、過去の苦しい出来事を話し始めた。

「もう40年も前の話です。私はこの子を殺したのです」

(えっ⁉)〝殺した〟というAさんの言葉に一瞬ギョッとし、さらに40年も前のこと? と少し戸惑いを感じたが、カウンセリングでないにしろカウンセラーモードでお会いしていた私はポーカーフェイスを装った。

Aさんの話は次のようなことだった。

Aさんは十代の終わりにアメリカに留学し、大学で知り合ったアメリカ人の女性と同棲を始めた。その後、周囲の猛反対を押し切って二人は入籍し、結婚生活をスタートさせた。まだ若い二人は毎日の生活費を稼ぐだけでカツカツだったが、それなりに幸せだったという。

しばらくすると、奥さんが中型の雑種の子犬をもらってきた。それが最後の写真に写っていたジョリーだった。

若い夫婦は始め子犬のジョリーをかわいがったのだが、数年たつ頃には奥さんに年子ができ、若い夫婦の生活は生きることと子供を育てることで精一杯になった。

散歩もろくに連れて行ってもらえず、何か要求しようとすると「うるさい！」と怒鳴られる。そんな理不尽な飼い方をされても、ジョリーはいつもしっぽを振ってAさんの帰りを待っていた。

その頃のAさんは生活費を稼ぐために、早朝から深夜までいくつもの仕事を掛け持ちして働き通しで、一日中Aさんの帰りを待っていたジョリーの横も素通りして、倒れこむように眠るためだけに帰宅する毎日だった。

「ジョリーは妻のところに行っても、妻は二人の年子の世話で手一杯。それも一人は心臓疾患のある子だったので、ますますジョリーの居場所はなかったんだと思います。今思うとあの子はいったいどんな場所で、どんな思いで毎日を過ごしていたのか……、犬には飼い主しかいないのに……」

Aさんの顔が苦痛に歪み、声は震えていた。

「ああ……」あまりにせつない話に私も涙がこみ上げてきた。

そのうちジョリーがだんだんと食べなくなり、やせていった。獣医に連れていくお金を捻出できなかったわけではないが、子供の心臓の手術費用のため少しのお金も惜しかった。元気のなくなったジョリーは、1日を家族の目にふれない納屋の片隅でうずくまるように過ごしていたと、ずっと後になってから奥さんから聞いたという。

「なんでしょう。私たちに迷惑をかけたくないと思ったのでしょうかね。そんなになっても、吠えたり引っ張ったりと自己主張もまったくない、静かなおとなしい犬でした。でも、私が帰宅すると必ず玄関でしっぽを振って待っていました。私に声をかけられることも、頭ひとつなでられることもないのに……。それなのに、毎日毎日、私を待っていたんです」

ううう……。Aさんがこらえ切れずに声を殺して泣きだした。私ももう限界だった。

「ちょっと、ちょっと待って、Aさん。少し泣きましょう」

そうAさんに提案して一緒に号泣する。

なんてなんて、かわいそうなジョリー。そして、40年も罪悪感を持ち続けるかわいそうなAさん。

「それから、しばらくして私は大きな会社で働けることになり引っ越しが決まりました。ジョリーはお隣の老夫婦に少しお金を支払い、引き取ってもらいました。ですが、お隣の老夫婦はジョリーが少しでもお隣の庭に入ると水をかけて追い払うような人だったんです。私たちはもちろんそのことは知っていましたが、入社の準備、引っ越しの手続きや、子供の転校、病院の引き継ぎなどで忙しく、とにかくジョリーを引き取ってくれる人なら誰でも良かった。今思うと、お隣の老夫婦はわずかばかりですが、ジョリーを引き取る際のお金が欲しかったんだと思います」

ジョリーをお隣に渡してAさんたちが引っ越しをするとき、ジョリーは初めて大きな声で咆哮した。

「老夫婦につながれたまま天を仰いで、おおおおお〜〜〜おおおお〜〜〜と、声を上げたんです。ジョリーの咆哮を聞いたのは初めてのことでした。お隣に渡すときも私はジョリーに声もかけず目もくれず、荷物を渡すように、ただリードを渡しただけでした」

それがジョリーとの最後だった。

それから40年近くたち、Aさんは仕事も引退して孫もできた。ある程度余裕ある暮らしができるようになり、友人からレトリバーのハリーを譲り受けた。

犬と暮らすのはジョリー以来だという。

こんなに犬がかわいいとは思わなかった。どこに行くのも一緒で、いつも一心にAさんに寄り添うハリーは孫よりかわいいという。

「でも、ハリーをかわいがれば、かわいがるほど、ジョリーを思い出し、あのときの切ない声が聞こえてくるんです」

自分はなんてひどいことをしたのか。なんて取り返しのつかないことをしたのか。ハリーをかわいがるほどに、残酷な飼い方をしたジョリーへの罪悪感が強くなる、とAさんは言う。

「私はジョリーがどうしていたかを隣の老夫婦に聞くこともしませんでしたが、その後のジョリーは幸せだったと思いますか?」

Aさんが私に問いかける。

「……ごめんなさい。思いません」

私は正直に答えた。

「そうでしょう。そうですよね」

辛い答えなのだが、Aさんは事実に近そうな答えに共感しているようだった。老夫婦は数十年前に他界し、当時を知っていそうな隣近所も引っ越しをしていて、ジョリーのその後はわからなかった。

せめても……、と思い、アメリカの野生動物基金や犬猫保護施設に寄付を始めたが、気分は晴れない。

最近ではアニマルコミュニケーターを訪ねたら「ジョリーはその後すぐに老夫婦から他の人に譲られ、それなりに幸せな晩年を過ごして、今は天の草原で走り回っている。だから、あなたは今のハリーをジョリーの分までかわいがればジョリーも浮かばれる」とそんなようなことを言われ、憤慨したという。

「全てきれい事だし、ハリーとジョリーは別の犬なんだから……。言わんとしていることはわかるが、私はそのように説得されにいったのではない」

また、紹介された僧侶を訪ねて相談したら、「犬は死んだら人と違う畜生界に行きます。犬は3年で転生するので、もう他の犬に生まれ変わっています。それがハリーではないですか？」と言われたという。

「塩田さんそうなんですか？　犬は3年で生まれ変わるんでしょうか？」

Aさんが真顔で問いかける。

「う～ん、犬は3年で他の犬に転生する。私は初めてそんな具体的な話を聞きました。それが本当ならノーベル賞ものですね。人類未踏のあの世のからくりを証明したんですから」

そう答えるとAさんはハッとして、「そうですよね」と小声でつぶやいた。

「ジョリーは状況から考えて、晩年も幸せではなかったと思います。あの子の一生はなんだったのか……。なんで私の家になんて来てしまったのか？　今だったら毎日何度も何度も抱きしめて、体中をなでて、いい子だ、愛してるよって言ってあげて……。たっぷりのお肉をあげて、ボールで遊んで、ブラシをかけて、朝夕と公園に散歩に行くのに……。塩田さんの本に『亡くなった子にありがとう10回を言う』というところがありましたが、私はとてもとても、ありがとうなんて言えません。ごめんな。ごめんな。かわいそうなことをした。ひどいことをした。ごめんな。しか出てきません」

（それはそうだろうな……、そんな状況じゃぁ……）心の中でAさんの心中に共感した。

「もうどうやっても償えない。私はどうしたらいいんでしょうか？　どうしたらもう死んでしまった子に償いができるのでしょう？　あの世で幸せなジョリーが想像できない。だってあの子はいつも不幸だったのですから。あの子が幸せになっている姿がイメージができない。あの子のために祈れない。ありがとうなんて、とても言えない。謝る言葉しか出てこない」

死んでしまいたいほど苦しいとAさんは言う。

このように明らかなネグレクト（飼育放棄）や虐待の場合、あとになって自分の過ちに気づいても、当然ながらその対象のペットに「ありがとう」を言うのは難しい。このままの状態・心情では「ごめんね」しか出てこないのはある意味、自然な感情であり、仕方がないことである。

「塩田さん、どうしたら死んでしまったあの子に償いができるだろうか？　どうしたら、あの子にごめんな、ではなく、ありがとうって言ってあげられるだろうか？」

Aさんが私を見つめる。涙をいっぱいためて、真っ赤な顔をして人生の大先輩が、わざわざアメリカから来て僧侶の私に供養の方法を問うている。

私、大ピンチ……。

ここであせって、Aさんを「説得」させるようなことをしてはいけない。かといって、手ぶらで帰ってもらうわけにもいかない。

「答えは相手が知っている」――、私が学んだカウンセリングの基本中の基本。

その人の人生の問題や課題の答えは、必ず本人が知っている。

本人の心理や行動の中に必ず答えはあるのだ。その答えを「こういうものですよ。こうなのですよ」と私が出してはいけない。その「答えがどこにあるか？　を探し当てる」のが、カウンセラーの仕事だからだ。

（Aさんが話してくれたこと、行動してきたことの中に答えがあるはず。もう一度探せ、私）

私は古ぼけたジョリーの写真をもう一度、見つめた。

（辛い人生だったね。毎日毎日さびしかったね。悲しかったね。あなたはなんで、なんのためにAさんを飼い主に選んだのかなぁ……、あなたがAさんを選んだ理由はなんだったのだろう）

そんなことを思った瞬間、一気に何かがダウンロードされた。それは素早く静かに私の中に入ってきた。

「Aさん。Aさんがジョリーにありがとうを言えないなら、私がジョリーにありがとうを言っていいですか？」と言うと、Aさんは驚いた顔をして「ええ、それはもちろんいいですが……」

私は大きな深呼吸をひとつして、ダウンロードされた言葉を一気に解放した。

「Aさん。ジョリーは本当に悲惨な人生を送った犬でした。犬にとって飼い主は人生の全てです。それなのに存在を無視され、声もかけられず……。どんなに辛かったか。どんなに寂しかったか。どんなに心細かったか。どんなに不安だったか……。それでも毎日毎日、あなたの帰りを待っていました。きっと一日中待っていたのだと思います。無視されても、うるさがられても、ただひたすらにあなたの帰りを待っていました。そして、まるで物のように捨てられました。毎日、あなたの帰りをしっぽを振って待っていた。そんな犬をあなたはかわいがってくれそうもない人に無情にも渡したのです。一声もかけずに。早く厄介払いがしたかったがために」

「そうです。そうです。まったくその通りです。そうなんです。その通りです」

Ａさんは男泣きに泣きだした。

「苦しいのは、後悔するのは、仕方のないことですね。それだけのことをジョリーにしてしまいましたから……」

（このやり方、キツイなぁ……）心でそう思いながら、Ａさんにダウンロードした内容をそのまま伝える。それは慰めでもなく許しでもなく、Ａさんがやってきた現実の確認だった。

「そうです。そうです。ごめんな。ごめんな。かわいそうに。かわいそうに」

何度もうなずきながらＡさんが号泣する。

私は大きく深呼吸をひとつして、

「ジョリー、聞こえますか？　ジョリー、お父さんの声が聞こえますか？」

「ジョリー、見えますか？　ジョリー、お父さんのこの姿が見えますか？」

そうジョリーに語りかけた。

「あなたの一生は寂しくて、悲しくて、苦しい一生でした。お父さんは今、あなたの一生をそんなふうにしたことを、ものすごく後悔しています。あなたがかわいそうだと泣いています。今、お父さんはあなたのことだけを思い、嘆いています。

お父さんはあなたにしたことを悔やんで悔やんで後悔して、あなたにしてあげられなかったせめてもの償いと、私が通う施設の猫たちにたくさんの良質のご飯をくれました。いつもはとてもあげられないような高級フードに、施設の子たちはわれ先に飛びついて食べていました。おなかいっぱい食べ終わると、みんなニコニコして毛づくろいをしていました。

ジョリー、ありがとう。あなたがいてくれたお陰です。ジョリー、ありがとう」

Aさんが驚いた表情で私を見つめる。

「公園に捨てられていた子猫たちのミルクもお父さんがたくさんくれました。ジョリーにも、もっともっと、もっと……、おいしいものをあげたかったと、もっと大切にしてあげたかったと言いながら、捨てられた子猫たちにミルクをくれました。この子猫たちは、お父さんからもらったミルクを飲んで育ち、里子に行った先で大切に愛され、里親になってくれた家族に長い間、幸せを与えることでしょう。その子たちもきっと言います。『ジョリーちゃんのお陰でミルクをいただいたのよ。それを飲んで私たちは大きくなったの。それから私たちには新しい家族ができたのよ。ジョリーちゃん、ありがとう！』と」

「そして、アメリカでもお父さんの寄付のお陰で多くの捨てられた犬や猫たちが、新しい優しい里親さんの元に何頭もいけたことでしょう。ジョリー、あなたの苦しい人生のお陰です。その子たちも、あなたへの償いのおすそ分けをいただきました。ありがとうジョリー。ありがとう」

合掌して祈る。

「ああ、塩田さん。ありがとう。ありがとう。ジョリーにありがとうを言ってもらえるなんて。ジョリーの人生が誰かの役にたつなんて」

おわかりの通り、実は私はジョリーに語りかけたのではなく、Aさんに語りかけたのだ。私が説得するのではなく、説法でもなく、Aさんがやってきたことの現実の解説をしただけなのだが……。

「Aさん、**未来からでも過去の償いはできます。過去の過ちはこうして未来からでも浄化できるのですよ**」

「ジョリーに償える……。償うことができるんですね。未来からでも過去の過ちの償いができるなんて……。ジョリーの生は無駄ではなかったと思っていいのでしょうか？」

「ジョリーが幸せな人生を送っていたら、私が通う施設の子もアメリカの施設の子も、きっとAさんからフードやミルクをもらっていませんでした。ジョリーの苦しい人生があって、それを後悔して償いたいというAさんの気持ちがあって、多くの捨てられた子の応援につながりました」

Aさんが頭を垂れて、黙って何度もうなずく。

「Aさんの今の犬ハリーは天使かもしれませんが、ジョリーは戦士だったのではないでしょうか？　自分を犠牲にして多くの子の助けになる戦士だったのではないかと私は感じます。私はジョリーの生の償いを分けてもらった犬猫たちを代表して、孤独と戦い続けたジョリーの人生にありがとうを言いました」

Ａさんは大きく目を見開いて、私を見つめていた。

（まだ、Ａさんからジョリーへのありがとうの言葉がでないな……。ここまでか……）

そう思った、そのとき……。

窓に吊るしていたしずく形のサン・キャッチャー（太陽の光を集めるクリスタル）が、光を反射させて床に虹色の光を投射した。窓に吊るしたクリスタルはごくたまに、このように投射することがある。

ふっと、私もＡさんも、その光に目を奪われた。

そのときに、あっ！　と閃いた。

Ａさんの手をとり、ゆっくりとクリスタルの光の下にＡさんの手のひらを開くように誘導した。

Ａさんの手のひらに虹色のクリスタルが映る。

黙って手の中のその光を見つめていたＡさんに、「今、どんな言葉が思い浮かびましたか？」

と聞いた。

「ジョリー……」Aさんは小さな震える声で答えた。

「Aさん、ジョリーにどんな言葉をかけたいですか?」

「…………」

「ジョリーに言葉をかけてあげて」

「……ありがとう、……を言いたい」

「Aさん、もう一度」

「ジョリー、ありがとう。ありがとう」

感動の瞬間だった。

Aさんの「ジョリー、ありがとう」の言葉を聞いた瞬間、鳥肌が立った。

実はこの手の中のクリスタルのアイデアは、前作の読者Kさんのブログにあったもの。

そのブログの写真にはKさんの手のひらにクリスタルの光が写っていて、それを握り締め、ひと言「アポロ……」。

Ｋさんが天に送った宝物の愛犬の名前が書いてあった。

その写真とひと言で、アポロがどんなに大事にされ愛されたか、Ｋさんがどんなに切ない思いを飲み込んでいるのかが、想像できるものだった。


なぜだか、このときに突然Ｋさんのブログを思い出したのだった。

きっと、それはアポロを思うＫさんの思いが、私という媒体を通してジョリーとＡさんにつながったのだと私は思う。


私たち飼い主は亡くしたペットへの後悔、罪悪感、ごめんねの気持ちに強く共感する。自分も強く持った感情だからだ。振り払っても振り払っても、まとわりつくように絡み付いてくる罪悪感。私たちも散々その感情に苦しめられた。

そして今悲しんでいるその飼い主に対して、私たちは心からの愛と共感と支援を送る。「わかる、わかる。私もそうだった。私も苦しかった。辛かった」と。

うまく表現できないのだが、そんなペットに対して愛情を持つ者同士が、このようなときに何か（この場合は私）を通して、つながるのではないだろうか？

そのような現象をユング（後に曼荼羅や宇宙を説いた心理学界の巨匠）は、「シンクロニシティ」

（共時性、偶然の一致）といった。

ジョリーに「ありがとう」を言った際のダウンロードも霊感や霊力ではなく、私が今まで勉強してきたことが集結して、内部から直感としてこみ上げてきたものだ。

今まで経験してきたこと、乗り越えてきたこと、地道に勉強してきたこと、同胞への思い、そのようなことからシンクロや直感がわきあがってくる。それがスピリチュアルな現象であって、

スピリチュアルとは本来そのように現実に立脚したものだと私は思う。

どうか、ペットの声を聞きたいと、魔法や霊感、妄想空想を追い求めないでほしい。

飼い主が言いがちな「ごめんね」は、謝罪の言葉。後悔の念。

あなただったらこのような言葉をいつまでも、何年も聞かされたいだろうか？

こんな念を送り続けていったい誰が救われるのか？

そんな状況を誰が嬉しいと思うのだろうか？

私はどんな人生も祝福される要素があると思っている。

どんな人生も意味のない、無駄な人生はないと信じている。

だからどんな子の人生もお疲れ様、というねぎらいの言葉とともに祝福したい。懸命に生きたその生に感謝のエールを送りたい。

だから、亡くした子には「ごめんなさい」ではなく「ありがとう」と言ってほしいのだ。

どうしても、亡くした子に対して「ごめんなさい」しか出てこない方は、Aさんが恵まれない子に施してきたような方法を実践してみてほしい。

亡くなった子への「ありがとう」の言葉は、あなたへの赦《ゆる》しであると同時に、亡くしたあの子をあなたが作った「ごめんなさい」のケージから解放する言葉でもあるのだから。

私はあなたの大切な子の言葉を代弁する。

「お父さん、お母さん、ごめんなさいじゃなくて、ありがとうって言って」

自分を赦《ゆる》す

前述のAさんにはまだ大切な続きがある。

本来はAさんがジョリーにとても言えないと思っていた「ありがとう」を言ったところで終わりにしたかったのだが、Aさんはアメリカ在住でほとんど帰国をされない方。まだAさんには消化（昇華）が必要なことがひとつあった。

ジョリーに「ありがとう」が言えたので、今度は過去の自分を赦《ゆる》し解放する必要があるのだ。

「Aさん、確かにジョリーにはかわいそうなことをしました。ですが、当時若かったAさんも日に幾つもの仕事をかけもちして、二人の子供の養育、ましてや心臓病を持った子の看病と手術費用の捻出と、若いAさんも大変だったのではないでしょうか？　毎日がくたくたで、帰宅すると自分の身体を支えることだけで、精一杯ではなかったですか？」と聞いた。

「そうですね……。くたくたでした。どんなに具合が悪くても、休みもとらず働き通しで家族の生活を守ってきました。でも、ジョリーは……」

「Aさん、通常私は人の話を途中でさえぎることはしないのですが、あえてします。今は若いAさんのことを話しています。ジョリーへの償いの方法は今、話し終えました。Aさんはジョリーのことばかり言いますが、若いAさんも大変だったのです。若い自分も働き通しで、精一杯の毎日だったのです。ジョリーのことばかり気にかけるのは不公平です。それでは若いAさんがかわいそうです。若いAさんも辛かった。苦しい毎日を歯を食いしばって生きてきたのですから。その時期があって、今の余裕ある穏やかな晩年があるのではないですか？　そんな頑張ってくれた、当時の自分を闇雲に責めないでください」

　そう言うと、Aさんは大きくふ～と息を吐いた。

「そうです。そうです。辛かった。毎日がくたくたでした」

「Aさん、ジョリーもかわいそうでしたが、頑張っていた若い自分をそんなに責めたら若いAさんがかわいそうです。若いAさんも辛かったでしょう？」

　そう聞くと、Aさんの目が新たな涙で潤んだ。今度は自分のための涙である。

「そうですね。辛かった。本当に苦しかった。若かった自分は確かに頑張っていました。あのとき頑張れたから今があります。若い自分はあの生活が精一杯でした。そうですね、若い自分をそんなに責めたら、かわいそうですね」

ふ～っ。Aさんは大きく息を吐き出した。

「ああ、なんだか脱力しました」

大切なペットを亡くした場合、多くの飼い主が「うちの子は、うちの子は……」とペットのことばかりに焦点を当てるが、こういう場合ペットへの思いを癒したり、消化（昇華）させるだけでは十分ではない。

ペットと飼い主は裏表（陰陽）の1枚のコインなので、どちらか一方だけ癒されたのではダメなのだ。**相手だけではなく自分も癒される必要がある。自分のことはどうでもいいではなく、自分とも向き合う必要がある。**

相手（ペット）だけがよくて自分はどうでもいい、というアンバランスな関係性は、相手の人生を支配的に抱え込み、相手（ペット）には相手の人生があるのに、相手の人生に起こったことは全て自分の責任と考えがちになる。相手の人生を全て自分でコントロールできるといった方向を間違えた愛情は、傲慢な支配へと形を変えていく。

それは極端な視野狭窄を起こし、双方が悲劇的な結末に苦しむことになる。

その悲劇的な結末とは、重症のペットロスである。

長いあいだ引きずる重症のペットロスは、天に帰るペットのしっぽをつかみ自分のそばに引きずり降ろし、一生懸命その子の世話をしてきた自分の過去を全否定し、家族や周囲の人の気持ちも重くするものだと私は思う。

ペットと過ごした幸せだった時間が、暗黒の記憶に塗り替えられる。

その始まりは「私のことはいいの。この子がよければ。私はどうなってもいい」

この考えからであることが多い。

忘れないでほしい。あなたがペットを大事に思っているように、あなたのペットもまたあなたのことが大好きなのだ。

大好きな人には笑ってほしい。

大好きな人とは楽しく過ごしたい。

ペットにだってそういう気持ちはある。

犬だって、猫だって、嫌いな奴のそばには行かないしケンカもする。

好きな対象には寄り添ったり、仲良くじゃれたりするではないか。

それは決して「あなただけがよければ……」ではなく**「あなたも嬉しい、私も嬉しい」**そういう相互援助から作られる調和のとれた健全な関係性だ。

調和がとれる、とは双方のバランスがとれる、ということ。調和のないところに平和はなく、平和のないところに幸せはない。

だからどうかペットだけでなく、きちんと自分のことも公平に大事にしてほしい。「うちの子も幸せ。私も幸せ」それが私たちの幸せの形であり、健全な愛の形だ。愛とはまあるいものであり、いびつなアンバランスな形をとらない。

一方通行の幸せはあり得ない。どうか愛情の方向を間違わないでほしい。一方通行の愛情を「たくさんの愛情」と見間違わないでほしい。


うちの子に対する愛情は、どんなに愛しても愛し足りることはない。

うちの子に対する私たちの愛情は大きすぎて、ときにはあふれかえるほどである。

あふれかえってしまった、あの子にあげられなかった愛情は行き場を失う。

あの子を天に送ってから、まだあれやこれやと足りなかった分が出てきてしまう。

でも、どんなに尽くしても生前のあの子に尽くしきれるはずはない。

それだけ、私たちのあの子に対する愛情は無尽蔵にあふれかえるから。

もっと、もっと、もっとこうしてあげたかった。ああしてあげたかった。

その思いは尽きることがない。

「うちの子にやってあげたかったこと」が尽きることはないのだ。

そのあふれてしまった行き場のない愛情をどうするか？

もうあの子は天に帰ってしまったのに……。

その愛情を「執着」にしてはいけない。

その愛情を「罪悪感」に変えてはいけない。


だからこそ「うちの子にやってあげたかったこと」を他の恵まれない子にさせてもらうことを私は繰り返し提案する。行き場のなくなった思いを注ぎ込むには、対象が必要だから。

恵まれない子にあなたのあの子への償い、やってあげたかったことのおすそ分けをする。

それは死んだあの子になんの関係もないことではなく、死んだあの子の人生があったからこそ、できること。

あの子の人生があり、そこに愛が足りなかったという思いから、償いのおすそ分けを恵まれない子にする。おすそ分けをいただいた子は新しい里親の元にいく。そして、またその家族になっていく。そこの家庭でたくさんの思い出を残す。そして飼い主とともに年をとって、十数年後に家族に大泣きされながら天に帰る。

それは、かつてのあなたの大切な子とあなたの姿でもある。

その家族はその子にできなかったことを、また他の恵まれない子に施す。その恵まれない子は、その施しを受けてまた新しい家族を作り……、**こうして私たちの世界はつながっていく。**

だから、死んで終わりになる人生はない。自分で抱え込み、自分のところで終わりにしてしまう人がいるだけなのだと私は思う。


償いは何も恵まれない子に何かをすることだけではない。その子の介護を十分にできなかったというなら、自分の父や姑の介護をさせていただくことに変換することもできる。その子をあまりかまってあげられなかったというならば、今一度あなたの家族のあり方に反映させてみることもできる。

その子へ償いたいというのならば、その子が教えてくれた償いから学び、実際に自分が何をしていったらいいのか、**その方法の答えはあなたの日常生活の中にある。**


私たちがあの子にできなかったことを、他者にやらせていただく。そうすることで、行き場を失なったあなたのあの子に対する愛情は消化（昇華）される。あなたも嬉しい、受け取った他者も嬉しい。そうしてあなたも癒され、救われていく。

こうしたことが「施し」であり、施し、親切、援助、寄付は「してあげる」ものではなく、「させていただく」ことなのだ。自分が癒される。自分が嬉しくなる。自分が救われるのだから。

私たちは目に見えない、そういう与えて・与えられてのサイクルの中で生きている。そうして私たちの世界はつながっている。自分が他者にやった分量だけ、自分は受け取ることができる。

「あの子から教わったこと。あの子にしてあげられなかったこと」

泣いてうずくまり続けるのではなく、あの子から教えてもらったことを生き生きと、日常生活に躍動させてほしいと思う。

あなたの犬の人生を、あなたの猫の魂を、あなたのところで終わらせないでほしいと思う。泣いて泣いて抱え込んで、その子の人生をそこで終わらせてはいけない。死後ももっともっと生かしてあげてほしいと願う。

あなたのペットの人生を、魂を、社会のサイクルの中に解放してあげてほしいと願う。あなたのペットがあなたを選び、あなたの元に来て、あなたに渡してくれた命のバトン。「ペットがあなたを選んだ理由」を、どうかまた他者に渡してあげて、つなげていってほしいと、私は心から願う。

あなたのペットの人生は死後もこうして生かし育て、つなげていくことができる。それができない飼い主はいない。その子はあなたがそれをできるからこそ、あなたを選んであなたの元にきたのだから。

「塩田さん、ジョリーは送るべき人生を送ったってことですか？　私がやったことは間違っていたのですよね？」

「Aさん。人生に正しい間違っているはない、と私は思います。

でも、**人は自分で自分の人生に正誤をつけたがる**のです。私たちの人生は後悔しない、失敗しないことが目的ではありません。後悔から学び次にどうつなげていくか？　失敗を振り返り次にどう他者のために生かしていくか？　それが私たちの人生ではないでしょうか？

　私たちは後悔と失敗を体験せずに、慈悲や思いやり、他者への貢献を学べないのです。ジョリーの死をかわいそうなままにするか、次々と他の子の支援と幸せにつなげていくか。それはAさんが決めることです。どっちでもいいのです。どっちが正しいとかではないのです。ただ、**ジョリーへの償いを他の子に生かせたら、ジョリーの苦しい人生に意味ができるのではないでしょうか？**」

「そうですね。ジョリーの辛い人生は変えられないけれど、私が償いたいと考え、他の子の援助をすることによって、ジョリーの辛い人生に意味を持たせてあげることはできる、ということですね」

私はそのＡさんの言葉に、しばし悩んだ。

Ａさんの言葉には「そうですね」という部分と「そうでもないですよ」という部分が混在していたから。

（どうしよう……、これは伝えていいのかなぁ……）

Ａさんの言葉の後半部分、「私が償いたいと考え、他の子の援助をすることによってジョリーの辛い人生に意味を持たせてあげることはできるということですね」は、私としたら「そうですね、実際その通りだと思いますよ」。

しかし、前半の「ジョリーの辛い人生は変えられないけれど」というＡさんの言葉は、私としたら「そうでもないですよ」なのである。

私たちは本当に「過去の出来事を変える」ことはできないのだろうか？

苦しんで亡くなったあの子の姿を、いつまでも覚えていなければならないのだろうか？

苦しさの中でのあの子の咆哮が、いつまでも耳から離れないままなのだろうか？

過去の書き換えということは不可能なのだろうか？

私は「過去は書き換えられる」と思っている。

113ページのコラムで、その「過去の書き換え」の話をしたいと思う。

ここからは「まゆつばね〜」「屁理屈だ！」と牽制される方は、この項目をすっ飛ばしていただいてもなんら他のページに影響はありません（笑）。

お読みいただける方も「ゲーム感覚」くらいでいいかと思います。

どうぞ、気楽にお読みくださいませ。


ちなみに、私はこの方法を結局Aさんに話さなかった。

Aさんは過去の現実を再確認し、過去の自分を反省し、過去の過ちを他者への貢献としてすでに償っている。そして今回、「ごめんな」しか言えなかったジョリーに「ありがとう」を言え、過去の自分も赦せた。もうもう、これだけであふれるくらいの気づきだ。

笑顔で米国へ帰国されたAさんが本書を読んで、このときに伝えられなかった「過去を書き換える方法」を実践してくださったら、と思う。


今回は私自身、ジョリーにたくさんのことを学ばせてもらった。Aさんにジョリーの話を聞かなければ、この「過去の過ちを浄化する」も「自分を赦す」の項目も本書にはなかった。

私たちペットを愛する同胞の気づきのために、苦しい孤独な人生を生きた1頭の戦士・ジョリーに、ここに合掌させていただく。

合　掌

コラム❶ 過去の過ちを未来から浄化して起きること

私たち人間は、過ちをおかしながら成長するという特性を持っています。過ちが取り返しのつかないものだとしたら、人生はとても恐ろしいものではありませんか？

私は過去の過ちも未来から浄化（つぐない）ができると思っています。

その場合、Ａさんのように『償いたいことを他者の貢献に変換する』という方法があります。

このような方法は頭で考えてやった気でいるのと、実際に経験するのではそれこそ雲泥の差があります。なにが「雲泥の差」かというとそこに「気づき」や「変化」が起こるかどうかの違いです。

頭の中で考えてばかりいて、何かをやる前から何かしら理由をつけて行動が伴わないと、結局は自分の頭の中で堂々巡りになりがちです。いつまでたっても「抜け出したい状況」から抜け出すことができなかったり、新たな扉を見つけることができません。

まずはやってみる。まずは現実に行動してみる。

実際に行動してみると、頭で考えていたことと違うことが現実に起こります。それは当たり前なんですね。頭の中には時間軸もないし、他人もいません。頭の中ではスーパーマン。完璧主義・理屈優先になれるのです。
ですが実際、現実社会で行動すれば、時間軸もあるし他者との関わり合いも出てくる。その中では当然「うまくいかなかったこと」も起こります。
私たちは「うまくいかなかった」からこそ、「では、どうしたらいいか？」など多くの課題をクリアしようと違う考えを学び、新たな行動をしていきます。

そしてそのような今までと違う考えや行動は、思いもよらない感動的な信じられないような場面に遭遇する可能性もあるのです。
それが俗に言う奇跡的な体験です。

だとしたら、わたしたちにだって奇跡は起こせる。

実際に何かをやってみて、行動してみたら「こんな奇跡的な体験がありました！」そのような報告を私はいくつも受けています。

新たな扉を開けてみたくはありませんか？

その子の死後が、あなたとその子の新たな関係性の始まり、新たな人生のスタートなのだと私は思います。

思いますというより、そんな関係性を作っていただきたいなぁ……、と思うのです。

これはもう、いくら文章を重ねても納得していただける表現ができません。

奇跡は理屈ではなく、現実にやったことを土台にして顕現するのですから。

奇跡とは祈りとは、日頃の行ないの成就です。

コラム❷　過去を書き換える実践方法

この方法はあくまでも「過去を書き換えたい」という方への方法論です。

私たちの人生で起こったことは全てに意味があります。

起こった出来事を受けとって学ぶ、ということが私たちの人生の基本姿勢だと思います。ですが、ペットの死があまりに悲惨だった場合や、Ａさんのように不幸な人生だったペットを供養したいなど、心に消しがたい大きな傷となって残るような（トラウマ）の場合に試してみるのもいいと思います。

①まずは現実の確認

（例）ももちゃんにこういう治療を続けて手術をしてしまった。助かってほしい一心だったのだが、術後の経過が悪くて苦しんで苦しんで、病院に連れて行ったらそのまま病院で亡くなってしまった。などの事実を確認する。このときはまず、**現実・事実の確認なので、あまり感情を入れないで事実確認のみにする。**

＊できたら紙に箇条書きに書く。または実際に声に出して確認する。

②次に自分の感情を感じる

（例）助かってほしかったので、辛い治療・手術をしてしまった。でも、私はあの子を苦しめただけだったように思う。悔やんでも悔やみきれない。苦しい、辛い、悲しい。

＊ここでは感情を感じます。感情とは嬉しい、怖い、苦しい、悲しいなどです。理屈や理由づけ、懺悔ではなく、**シンプルな感情を感じてみてください。**

③自分を許す

ここでは、今現在の結果がわかっている自分、客観的に見られるようになった今の自分ではなく、過去の「このときの自分」を思い出します。

ペットの闘病を見ながら、どうしたらいいのか一生懸命に考えた自分。助かってほしい一心で、やむにやまれぬ気持ちで選択した自分。不安な気持ちの中で冷静に考えられず、それでもどうするかを決断しなければならなかった自分。そのときの自分も精一杯だったのだとそんな自分を確認し、許します。

私たちは神さまではありません。間違えながらそこから学び生きていく人間です。そのとき、**この子を思い精一杯だった自分、または自分勝手なことをしてしまった自分を許します。**

ここでどうしても「自分が許せない」という人は、ここで止めましょう。そんな自分でも許して前に進もう、という人のみ続けます。

起きてしまったことを悔やんでいても、暗い気持ちや後悔の堂々巡りです。自分を許して、その先に進んでみてはいかがでしょうか？

④どんな過去だったらよかったか考える

（例）ももちゃんは病院ではなく、自宅で家族に囲まれて眠るように逝った。または、ももちゃんは病気にならず、辛い治療も手術もなく、年老いて穏やかに亡くなった。など。

自分が「こうなっていたら良かったな」という過去を想像してみます。

⑤変えたい過去をイメージする（まずはイメージするときの注意点）

＊このイメージは過去を良く変えるイメージをするものなので、明るい気持ちで淡々とやります。強く感情を込めて祈るようにするのではなく、**力を抜いてリラックスして**

穏やかにやるよう心がけてください。

泣きながら、謝りながらやるものではありません。楽しく、明るい気持ちで行なえないならば、中止しましょう。

＊満腹・空腹時、飲酒時、気持ちが暗い、体調が悪い、眠い時などは避けます。

＊イメージのやり方

〈1〉少し涼しいくらいの暗めの部屋で、身体を締め付けない格好になります。

〈2〉正座、イスに座るなど、やりやすいスタイルで。リラックスでき、背筋が伸びる体勢にしてください。沈み込むソファなどは不向きです。

〈3〉目を閉じて、ゆっくりと鼻から息を吸い込んで止めます。吸い込んだ息が全身にしみ込むようなイメージで息を少し止めます。

口からゆっくりと息を吐きます。体中のゴミや悪念が身体から出ていくイメージをしながら吐きます。これを3回繰り返します。

〈4〉穏やかな明るい気持ちで、変えた過去をイメージします。

このときのポイントは「具体的にイメージすること」と、「そのときの嬉しい、楽しい、良かったぁ～などの明るい感情を感じること」

（例）ももちゃんは手術のあと、苦しまないで穏やかに亡くなった。ああ、良かった。

または、ももちゃんは手術をせずに、苦しまないで穏やかに亡くなった。ああ、嬉しい

など、自分が変えたい光景を切り取って明るいイメージを感じる。

このときに大切なことは、その都度、明るい感情を体感する、ということです。

〈５〉感謝の気持ちで終わらせる。

イメージが終わったら、大きく息を吐いて「ありがとうございました」と、合掌して終える。感謝の言葉はペット、支えてくれた家族、友人、大いなるもの全てに送る。

終了。

このような方法は実際、心理療法やヒーリングの分野で広く活用され、医療の現場で採用しているところもあります。このような「イメージ療法」は形や名称を変え世界各国で実践されている方法です。

この方法は誰にでもできて、やっていて楽しいので、難しく考えずゲーム感覚でやっ

てみてはいかがでしょうか?

私もよくこの方法を使います。自分のペットに関しては書き換えたいことがないのでやったことはありませんが、家人の病気治癒や人間関係の修復をしたいときなどに使っています。

家人の病気が治るイメージや、病気の元になった出来事（事故など）をなかったようにイメージする、人と和解するイメージなど、使用法は多岐にわたります。

この方法は効果があるなしを考えてやるのではなく、そのイメージを楽しんでやることが目的です。

苦しんで亡くなった子が、穏やかに逝けたイメージはとても嬉しい。

右記の①現実の確認と、②そのときの感情の確認を一度しっかりやったなら、あの子は苦しんで死んだ、そんな辛い過去はもう手放してもいいのではないでしょうか?

自分の心の中だけで、そんな「記憶の書き換え」をしても、不都合が生じたり、人に迷惑がかかるということもない、と私は思うのです。

あの子は苦しまないで逝った。あの子の大好きなあなたも、苦しみを手放して笑顔になれる。あなたの家族も、泣いてばかりいたあなたの笑顔を見て安心するのですから。

ならば、もう「記憶」になった「過去を書き換える」。そんな方法もありではないかと私は思うのです。


この書き換えのイメージを繰り返ししていると、不思議なことにだんだんとその書き換えが自分の中で真実の記憶になっていきます。

繰り返してイメージしているから、当然「脳がそのように学習」するのです。脳にそのように覚えこませるためにも書き換えの際には、**楽しい感情や嬉しい感情を感じることが大切です。**「脳は快をリピートしたがる」という習性があるから。


そして、過去が変われば当然、現在も変わる。具体的に現実が変わるのです。だって過去が変わるのだから。

あなたが幸せなものに書き換えた過去は、いったい今のあなたにどんな奇跡を生むのでしょうね？　それは私にはわからない。あなたにもわからない。

これはやってみなければわからないこと。今はわかりませんが、それはきっと想像もできないような、飛び切り素敵な出来事ではないかと私は思います。

私は自分の数々の実体験から「過去は書き換えられる」ことを実感しています。

だから、あなたとペットとの人生も、光り輝く軌跡に書き換えることができると私は思うのです。

それが「愛の世界」と呼ばれるものではないでしょうか。

愛は後悔や罪悪感を持たない。後悔や罪悪感を持つのは愛ではなく執着。

愛はいつも喜びと感謝とともにあるものですから。

「愛と喜びと感謝」それこそが、本来のあなたとあなたの愛《いと》しい子の人生の軌跡そのものなのではないか、と私は思うのです。

第3章

思いを行動に移す

脱走百景

どんな器用にシェルターを作っても、どんな頑丈なケージを作っても、ぶち破られることがある。それが「大脱走」。

北海道の網走刑務所博物館（実際の刑務所を残し、博物館として公開している施設）を訪ねたときに、脱走の記録やその方法の展示もあり「へぇ〜、こんなことまでして脱走するんだ。これじゃ、刑務所を作る側も看守も大変だなぁ」と感心していたのだが、その後自分が大変な側に回る羽目になろうとは……。

愛さんの施設は日曜大工が得意な数人のホームレスさんが関わって、いろいろな物を作ってくれている。それは小さなケージ、猫ドア、洗濯物干しなどの細かいものから、シェルター、家の修繕という大物までさまざまだ。

小さなものは計算違いも少ないのだがシェルターなどの大物になると、そこは素人、いろいろな計算違いが起こるのは致し方ない。窓が開かなかったり、ドアの寸法が違ったりなどはそのつど対処していく。

一番の思案と工夫、慎重さが要求されるのはなんといっても、体が柔らかくてすばしっこい猫を入れるための「脱走対策」である。

これはどんなに考えて作っても頑丈に作っても、逃げられて「ああ、これか！」と気づくことも少なくない。

下が土だと猫も穴を掘るのをご存知だろうか？

カラスよけネットくらい、カリカリカリカリと食い千切ることをご存知だろうか？

厚さ5ミリくらいのプラスチックの板は、頭突き一番ぶち破ることをご存知だろうか？恐ろしい。

私たち人間の英知と努力をあざ笑うかのように、施設では日々、人と犬猫との攻防戦が繰り広げられている。

ある日、子猫探知機おじさんが（施設の主、愛さんね）２匹の子猫を保護してきた。「落ちてた……」と。その頃、施設の仲間から愛さんに「下向き歩行禁止令」が発動されたばかりだった。

うっかり下を見て、また見つけたか……。周囲から深いため息がもれる。

2匹のキジ猫の兄妹はもうすぐにでも里親に行けるくらい成長していて、健康状態も良好。ただ、野良生活を体験してしまっているせいか、とにかくシェルターから逃げ出そうと走り回り、辺りを探っていた。

「この部屋は特に子猫仕様に細かく作ったし、さっき1時間かけてくまなく点検したから安心だ」と愛さんが満足気に言う。

内部で区切られたシェルターは、各部屋が室内と土や草木がある運動場と二つに分かれ、内と外は猫ドアを通じて行き来ができる。

子猫が入ると特にふかふかふとんに、数々の隠れ場所、おもちゃに栄養価の高いご飯と至れり尽くせり。ここでいいじゃん、サイコーでしょう！　と私は思うのだが、自由な生活をしていた猫にとってはそんなわけがあるハズはない。猫はどんな豪邸でも閉じ込められるのがイヤなんだから……。

子猫を入れた翌日。

「いない！　子猫がいない！」と愛さんが小屋で右往左往していた。

一体どこから逃げたのかと、愛さんとネコのえさやり命の手伝いホームレスのTさんが、くまなく点検。

しかし、どこにも脱走口が見つからない。おかしい……。

何気なく室内と運動場を結ぶ2段の階段をひっくり返すと、隅に兄妹が震えながら張り付いていた。

「ごめんなぁ。怖かったなぁ……。わぁわぁ騒がれて」

愛さんが子猫を抱き上げる。手作りのベニヤ板の階段は5センチにも満たない隙間があった。こんなところまで入れるんだ。頭が入ったら猫は通れるというけれど、あまり狭いところは頭を突っ込んだまま身動きがとれない危険性も出てくる。

すぐに隙間は塞がれて、一件落着。……のハズだったのだが、また翌日、子猫たちがいなくなったのだ。

今度は階段の中にもいない。一同？？？　と首を傾《かし》げながらシェルター内で、脱走の痕跡をくまなく探す。

「あった！　ここだ」そこは何重にもなっているネットとネットのつなぎ目で、手をもごもごご入れないと貫通できないようなせまく小さなスペースだった。

「えええーーー、まさかこんなとこから……」

脱走されるたびに同じセリフが口をつく。芸がない。

もう辺りは夕暮れである。これからどんどん暗くなる中、大捜索か。一同、伏し目がちになる。

突然、愛さんが「あ！　もしかしたら‼」と声をあげ、懐中電灯でシェルターの軒下を照らす。

「あっ、いたぞぉー、２匹一緒だぁ！」

どう入ったのか、２匹はシェルターの軒下の隅で寄り添っていた。

シェルターの軒下は小屋とは関係のない部分なのだが、万が一を考え、愛さんがぐるりと軒下の周囲に網をはっていたのだ。

どこから入ったのか？　ここの網にも盲点があるのだろう。

子猫はいたのだが問題がある。軒下は30センチくらいしかなく、人が潜ったら身動きが取れない。網を破って中に入るにしても、人がはさまった状態から動けないのだ。区切りのない軒下はかなり広いスペースで、子猫なら疾走するのに十分な高さである。

これでは子猫はいるが、捕まえられない。

そこは軒下だけあって、くもの巣とホコリ、ゴミ、泥だらけ。生きてるゲジゲジやら虫の死体やらが散乱。何やら良くわからない干からびた骨まである（ネズミ？　トカゲ？）。

みんな、どうしようかと作戦会議を始めていた。意を決した私はカッターで網を切って、ひとりごそごそと軒下に入る。なるほど、潜ったはいいが動けない。進もうにもお尻が上げられないのだ。軒下に挟まった状態でしばし考える。

何かいい知恵があるハズだ。ちょっと身体を動かしてみる。なるほど、なるほど……。左右に大きく広げた両手両足を勢いよく動かした。お腹に重心をかけ、左右に開いた両手両足を平泳ぎのように動かし、泥をかいて進む。

ガサガサガサ……、異様な格好で私は動きだした。

まるで楳図《うめず》かずおの「蜘蛛女」か漂流教室の「巨大蜘蛛」である（これはその漫画を知っている人には、ウケル表現なのだが……）。

勢いがつき、軒下をガサガサと這い回る私の異様な姿に一同騒然。

子猫がおびえて逃げ回る。

「妙玄さん、子猫のほうが早いし捕まらないよ」

「子猫、怖がってるし」

ガサガサガサ……、ガサガサガサ……、蜘蛛女は無言で軒下を這い回る。もう顔中に何か、蜘蛛の巣だの虫だのベトベトだの、いろんなものがついている。

こうなると、私は相当しつこい。

ガサガサ……、ガサガサガサ……、ついに子猫を捕まえた‼

軒下にライトを当てていた一同から「おーーー！」という歓声があがった。

捕まえたのだが、両手で子猫をつかんでいる上、網をやぶった入り口まで、遠い……。左右の手に1匹ずつ子猫をつかんだまま、アジの開きのような体勢でフリーズ。

「いいよ。いいよ。妙玄さん、それじゃ出られないから、子猫置いて出てきなよ。他の方法を考えよう」

（なんですと⁉　せっかく捕まえた子猫を放せというのか？）

私は諦めが悪い。後ろ足を平泳ぎの要領で勢いよく動かして蜘蛛女、再発進！

今度は胸に重心をかけて胸をこすりながら進んだ。巨乳の人にはできない芸当である。

ガサガサガサ……、ガサガサガサガサ……。

入り口に辿り着くと、「おおおーーー‼」と大きな歓声。

隙間から子猫を差し出すと、愛さんは私から子猫を引ったくり「おお、おお、かわいちょうに。怖かったなぁ。かわいちょう。お腹もすいただろう……」と、子猫を抱えて部屋に走り去った。

両手を隙間の外に伸ばしているが、私の身体はまだ軒下なんですけど……。いつの間にか誰もいない。みんな子猫のほうに行ってしまった。灯りがついた小屋では子猫をねぎらう言葉が聞こえてくる。

だ……、誰か……、誰か、私を引っ張って。……誰もいない。

身をよじりながら隙間から出ると、Tさんが切った隙間の応急処置用のビニールテープとハサミを持って走ってきた。

隙間の横にへたり込んでいる私には目もくれず、他の猫が入り込んだら大変だとせっせと補修を始めた。

あの〜〜〜、ねぎらいの言葉は？　どうして誰も私に手を貸さないの？

もう着ていた私の服はゴミ箱行きだ。


このときの話を蒸し返すと、みんな後ろめたいようで口々に私にいい訳をする。

べっっつに、い〜けどね！　なぁ〜〜んとも思ってないから！

まぁ、子猫の場合の脱走はこのように「隙間系」なのだが、中には「いない、いないぞ」と探すと、茶トラが茶色の天井に張り付いていたという「擬態系」、勢いをつけて体当たりしてプラスチック板をぶち破る「力技系」と、そのテクニックもいろいろだ。

そんな中で、一番の「大脱走」は、センロだろう。


センロは猫探知機の愛さんがとある踏切を渡ろうとしたら、フラフラ〜と、どこからか出てきたから連れてきたという猫。

「俺が渡ろうとしたら線路の真ん中に出てきて、うずくまったんだよ。そんなことあるのかな」

（あるのかなじゃなくて、その猫探知機をどうにか外せ！）

一同、無言ながら、頭上のふき出しのセリフである。

東急ハンズにないのかな、猫探知機妨害装置……。

施設に来た当時のセンロは、もうすぐにでも死にそうなくらいにやせて弱っていた。しかし、毎日の点滴と手厚い看護でだんだんとご飯を食べ始め、めきめきと回復していった。

「すごいね～、センロ。良かったね～」

やせて弱った子を保護した場合、たとえ長く生きられないにしても、センロのようにお腹いっぱいご飯を食べてくれると私たちも救われる。

やせて保護した子が、何も食べられずにそのまま死んでしまうことが一番辛い。

驚くくらい元気になったセンロは、すばしっこくシェルターの内外を縦横無尽に走りまわっていた。時には壁の鉄網を横走りに走っていたりして、私たちを驚かせた。

「忍者みたい……」

しかし、センロの実力はこんなものではなかった。

センロなどの新入りは病気の有無がわからないので、とりあえずシェルターに1匹で入れる。その隣の大きいシェルターには、福島からのレスキュー猫「チーム福島」の12匹が入っている。センロは鉄の網越しに手をのばしたり、擦り寄ったりと、チーム福島の猫たちと交流しているようだった。

チーム福島の子たちは病気を持っていない子ばかりなので、まだセンロと一緒にはしてあげられなかった。

ある日、施設に行くとセンロが隣接のチーム福島の小屋に入っていた。

（あれ？　誰かセンロを血液検査に連れて行って、大丈夫だったから福島の子のところに入れたのかな？）そう思っていた。

愛さんが帰宅し、「なんでセンロが福島の子のところに入っているの？」と走ってきた。結局、センロを福島の子のところに移動させた人物がいなかった。

「不思議だなぁ……」

みんなでセンロの小屋をくまなくチェックするが、どこにも隣に行ける穴も隙間もない。

一同？？？　と頭にハテナマークをつけセンロを確保し、またもとの小屋に移した。

ちなみにシェルターは室内はベニヤ板、窓は厚さ5ミリのプラスチック板、外の運動場は土、内外の壁は鉄の網。猫も穴を掘るので、鉄網は地面深くまで埋め込んでいる。外の天井は鉄の網とカラスよけネットを二重にしたもので覆われている。段差や風を通したいところは、カラスよけネットを二重にしたものが重宝していた。さらに各部屋の扉とシェルター全体の出入り口の扉と二重扉を付けている。

その上で、みんなで何度もチェックしているのだ。どこにも抜け道はないハズだ。

体の小さい子猫の場合は、思いがけない隙間から脱走されることもあるが、大人の猫が入れるような隙間はない。

翌日「えええええーーーっ！　なんでぇーーー？」

また、センロが隣の福島の子の部屋に入ってくつろいでいた。

どうして？　なぜ？　数人の人間が入れ替わり、床や壁、天井、四方をくまなく調べたが、どこにも抜け穴はなかった。

センロを元に戻し、愛さんはシェルターの入り口に鍵をかけた。もしかしたら、誰か外部の人間がいたずらしているのでは？　と考えたのだ。もうそれしか思い当たる理由がなかった。

翌日、またセンロは福島の子たちの小屋に移動していた。もうみんな狐につままれたようになっていた。

「センロって、妖怪なんじゃない」

「いや……、忍者か、○○○のスパイなんじゃないの？」

「この施設をのっとろうとしてきたんじゃないか？」

「この施設をのっとってどうする。のっとらなくても、もらってくれるなら差し上げますがな。大量の猫付きで（笑）」

そう突っ込んでみるも、もう何がなんだかわからなかった。

もうみんな考えるのをやめたらしく、センロがまた隣の小屋に移動していてもそのままになっていた。

そんなある日、私はついに見てしまったのである！

洗い物をしていると、シェルターのほうからギシッギシッと音がする。

さりげなく目線をシェルターに移すと、

「えっ⁉　サル⁉」

そこにはシェルターの天井を雲梯《うんてい》（小学校にある遊具、長い階段状のはしごに両腕でぶらさがりながら進んでいく）のように移動しているセンロの姿があった。

天井の金網に前足だけでぶら下がり、左右の手を交互に動かし、天井を進んでいるセンロの姿があった。びっくりして固まっていると、センロは天井の中央部分（高さ2メーター半くらい）にまでくると片手でぶら下がり、もう片方の手で天井中央部分、二重になったカラスネットの周囲を押し始めた。

目当ての部分を探り当てスルリと頭を突っ込むと、そのままドリルのように身体を回しながら、二重になったネットの隙間に身体をねじ込んでいった。ストッキング強盗のような出で立ちで、しばらく天井の二重網の間を進み、センロは福島の子たちの小屋から自分の小屋へと帰っていった。

「すっ、すっげぇ‼」

もう私は大興奮である。早速調べてみたら、確かに天井の中央部分に10センチほどの間隔のあいた部分があった。しかし、その部分は網が何重にも入り組み、脱走できるような状態ではなかった。そこをセンロはストッキング強盗のような姿になりながら、進んでいたのである。第一、天井のこんな中央部分まで、雲梯で進んでくる猫なんて聞いたことない。思わず大発見に小躍りした。

早く誰かこないかな……♪

愛さんやボラ仲間にもったいつけつつも偉そうに、ことの真相を語った。

センロはそんな伝説を残して逝ってしまった。

「伊賀に帰ったんだね」

「センロじゃなくて服部半蔵。ハットリ君ってつければよかったね」

亡くしたセンロを思い出して語るときはいつも楽しい。

センロの小屋と隣接しているチーム福島の小屋は、シェルターで一番広い。まぁ、数も入っているから。Ｍさんがレスキューしてきた福島の立ち入り禁止地区などの子たち。中には生粋の野良もいる。そんな子はうちで預かってもう3年近くたとうとしているのに、まったく慣れない。

自然が厳しい福島の深い山で暮らしていた猫もいる。そういう子は猫というより野生動物という表現に近い。

Ｍさんが福島からそんな子たちをレスキューし、さらにうちにくるのはベテランの預かりさんが音《ね》を上げた子ばかり。そりゃ、いくら預かりさんが愛情深くベテランであっても、普通の住宅で野生動物を保護するのは人と猫の双方が不幸である。

そんな子たちをケージから移動させるときなどは、慎重に慎重を期さないと、死に物狂いの彼らに逃げられる。事態が把握できない彼らは、とにかく「逃げなければならない」のであるのだから。

あるときは猫なのに、猫のくせに、猫のくせにぃー！　鉄網をぶち破って脱走した子もいた。大型犬がガジガジガジガジして鉄網を壊して脱走するならばわかる。しかし、まさか猫が……、火事場のバカ力。それは思いもかけぬ破壊力を見せるのであった。

Ｍさん宅でも悲劇が起こる。

「この間、福島の子を他の子と一緒に2階のサンルームで放していたの。そしたらサンルームからものすごい爆発音がして急いでかけつけたら、なんとサンルームの強化ガラスが割られて、脱走されたの。それを見たとき、生きていけなくなった地域から命からがらレスキューしてきたのに、何もそこまでしなくてもって、思わずへたへたへた〜ってなっちゃったわ……」とMさん。

野生の猫はそんなこたぁ、知ったこっちゃない。

またある日、施設で預かっている福島の子「チャトラン」が少し懐いてきたので、里親探しをしたいという要望を受けて、Mさんの自宅に連れて行った。

チャトランは私には懐いていて、シェルター内でご飯でおびき寄せたら普通に抱っこして、ケージに移せた。Mさん宅に連れて行き、Mさんがチャトランに缶詰をあげようとケージの上部分を開けた瞬間、ボンっ！　という音とともに、ケージから力まかせに飛び出て脱走。

チャトランはあっという間に、天井裏に駆け上がり隠れてしまった。

「あっ！　しまったぁ〜」とMさん無念の声。

それから10日間、チャトランはMさん宅の天井裏から出てこなかった。しかたなくチャトランは捕獲器をかけて捕まえ、愛さんの施設に戻されることになった。

福島の立ち入り禁止地区の子のようにレスキューしないと生きられないとはいえ、そのような事情を猫は知る由もなく、自然の中で自由にしていた子を里親に出すのはとても難しい。

そんなくせ者ぞろいの福島の子たちの場合、もう里親に行くことが難しいのだからシェルターから出して、内外自由にさせてあげたいという愛さんの意向もある。

数年シェルター内ですごした子たちは、外に出しても確実にご飯がもらえるシェルター付近に居つく可能性が高い。ましてや周囲にはストーブが入った小屋や、ご飯が置いてある小屋があちこちにあるのだ。

しかし、内外出入り自由の本殿（愛さんの部屋兼猫小屋）に居ついている子たちは、もう病気や年寄りばかり。身体も大きくて気も強い福島の子に、年寄りたちが追い出されてしまう可能性があるのだ。

自由にしてあげたいけれどそれはいろんなリスクを伴う。いつも思案しつつ妙案がでない。

そんな中、自力と他力で自由をもぎとった福島の子が2匹いる。

いや、2匹に脱走されただけなんだけどね……。

1匹はほとんど白い身体にちょっぴりの黒ぶちがある「ニンジャ」。この子は福島の深い山里で暮らしていた超・生粋の野良。ほとんど人間と接触せず、ご飯だけはあちこちの集落で盗み食いをして生き延びていた猫だという。

辺りの地区が立ち入り禁止地域に指定されるという連絡を受け、Mさんが保護してきたのだ。野生で生き延びるのに「臆病」は鉄則である。

野生が強いというと「気が強い、荒い、戦う」などのイメージがあるが、実際に野生動物が戦うという場面は滅多にない。危険は極限まで逃げるのが野生の基本。野生では小さな怪我が命取りになることがある。だからまずは「逃げる、避ける」。野生は獣医にかかれないのだから。

このニンジャ、シェルターに入れて2週間がたっても姿をみせない。「いるよね……?」不安になって探すと猫小屋には入ってなくて、天井の隅や猫ドアと風よけのついたての間など、隠れながらもすぐに逃げられる場所に息を潜めて待機していた。

このような子には目を合わせたり声をかけたりせず、この環境に慣れてくれるまで、気長に時間をかける。

私は「ブチ」と呼んでいたのだが、すばしっこくて〝葉隠れの術〟などの忍法を使うので、愛さんが「ニンジャ」と命名。

ニンジャがきて2週間ほどたった頃、「しまった！　やられた！」と愛さんが繰り返し嘆く。ニンジャは2週間かけて脱走ルートを探していたらしく、あちこちに脱走を企てた痕跡が残っていた。二重になったカラスネットや錆びた鉄網を狙っていたようだ。その中から老朽化してもろくなった部分を探しあてたようで、錆びた鉄網に猫の頭が入るくらいの小さな穴が開いていた。

（いくら老朽化しているとはいえ、猫が鉄網を食い千切るなんて。タヌキ並だな……）

急いでシェルター周辺の猫小屋や猫棚に、ご飯を置きに回る。自由になったニンジャが施設内かこの周辺に住みついてくれれば、猫にとってはシェルターに入れられるよりもベストな状況なのだ。

ニンジャはシェルターの隣の小屋が気に入ったらしく、小屋周辺でチラッ、チラッと体の一部が目撃された。なんせ素早くてほとんど全体像が見えないのだ。さすがニンジャ。

それでも、安否がわかり一安心。

その小屋には気まぐれに「伝ちゃん」という猫が出入りしていた。伝ちゃんは子猫のころ、橋の上から兄弟と一緒に投げ捨てられて伝ちゃんだけが一命をとり止めた。愛さんに保護され骨盤骨折の大手術をして、びっこながら意外と強気で過ごしている施設の子だ。

伝ちゃんはひとつの小屋に定住せず、あちこちと気分で移動していた。ということは、ニンジャが居つきそうな小屋じゃなくてもいいということ。ニンジャの小屋にいる伝ちゃんを発見するたびに、抱っこして移動させる。

「あら～伝ちゃん、あっちの小屋のほうがいいね～。あおいちゃんも元気もいるし」

とってつけたようなおべんちゃらを言って抱き上げ、別の小屋に移動させてなでながら、猫用カニカマをあげる。伝ちゃん、ちょっと不機嫌。そうね、別にあおいとも元気とも仲良しな訳じゃないからね……。

そんな地道な努力が実ったのか、ニンジャはシェルターの隣の小屋に住みついてくれた。愛さんがダンボールの中に発泡スチロールをはった猫小屋をセッティングに行く。小屋の中には毛布を敷き、さらに発泡スチロール入りの猫小屋の上にも毛布をかける。

「ほら、コタツみたいでしょ！」

本当に猫には親切で過保護な人だ。人には厳しいけど……。

ニンジャはかなりの大食いでこの小屋に居ついてほしい私たちは、小屋に大盛りの缶詰を２皿とカリカリも多めに置いた。しかし、翌日にはなめるように無くなっていた。

この小屋の周辺に置いた猫のご飯はことごとく無くなっていて、それはニンジャがこの辺りに居ついたことを現していた。

施設に長くいる子は朝夕ご飯をもらえるので、そんななめたように食べることはない。福島の山里で食べ物を盗み食いしていたニンジャにとって、施設のあちこちにあるご飯を探すなんて目の前にご飯を置かれるようなものである。

不可抗力ではあるが、脱走して施設に居ついた猫は一番幸せなパターンだと思う。猫にとって一番重要な「自由」が手に入るのだ。それも「安全」と「ご飯」と「こたつ」と「ストーブ」付きである。不本意ではあろうが、オプションで「動物病院」もついている。

閉鎖された福島の山里からニンジャをレスキューしてきたＭさんに、申し訳ありませんと事情を話す。案の定といったら申し訳ないのだが、Ｍさんは「いいのよ、いいのよ。あそこに居ついて自由にできるなら、一番いいもの。あの子は里親に行くのは無理だからね」と言ってくれた。

それから私たちはニンジャの小屋にご飯を置きに行くときには、ドアを大きめにノックする。するとニンジャが裏の猫ドアからスルリと外に飛び出る。外に出た後で急いで掃除をして、ご飯をセットし水を換える。あとはあまりこの小屋に近寄らない。

大脱走を成し遂げたニンジャは、今日も屋根の上で自由を満喫している。

脱走にはニンジャのような「自力系」もいれば、思わぬ「他力系」もある。

同じく福島からレスキューした猫の「茶トラ」。持病がある子だったので一人部屋に入ってもらった。持病はあるが現在の健康状態は良好で、まだまだ元気でいてくれそうだ。

ある夕暮れ、施設に行くと作業を手伝ってくれている近所に住むお酒好きホームレスのＴさんが、べろんべろんへべれけに酔っ払って、なんとシェルターの入り口の扉を開けたまま、そこで寝込んでいるではないか！

「うわぁーーー‼」急いでTさんを引きずって、扉を閉める。

べろんべろんへべれけのTさんが、引きずられたことに対して文句を言いながら、からんでくる。無視！　それどこじゃない！　そこへ愛さんが帰宅して、青くなってシェルターを確認すると新入りの茶トラがいない。

どんなに愛さんが激怒しても、べろんべろんへべれけの酔っ払いはどうしようもない。近所のホームレスさんに応援を頼み、リヤカーに積まれTさん退場。

翌日、酔いが醒めたTさんが身を縮めて謝りにくるも、病気持ちの茶トラを逃がされた愛さんの怒りは収まらない。「酒飲んだら、ここに来るなって言っただろう！」愛さんの怒声にひたすら謝るTさんなのだが……。

愛さんはお酒も煙草も体質的に受け付けない。下戸の人にはわからないと思うのだが、酔っ払いは酔っ払うと全てを忘れるのである。シラフのTさんはとてもまじめでいい人なのだが、酒乱なのだ。いい人なのだがどこか徹底的にダメなところがある。だからホームレスなのだ。「酒を飲んだらここに来るな！」この愛さんの嘆きは、毎年繰り返されている。

愛さんの施設では、このような大事件のほとんどは身内？（近所のホームレスさん）の犯行なので頭が痛い……。

その後、茶トラも近所に居ついてくれたようだ。持病を考えるとそんなに長生きできないだろうし、周囲には小屋もご飯もたくさんあるから自由であるほうがいいのかな、というところで自分たちを納得させる。

Tさんは今日も私に言われる。

「あ〜！　Tさん、飲んでるでしょ⁉　ダメ！　退場——」

目も見えず、耳も聞こえず、鼻もきかない三重苦の茶トラの「ピース」が、ピースのために小屋の段差などの改造をしているときにいなくなってしまった。

他の元気な子と違いピースの場合、「脱走＝事故」に直結する可能性が高い。

ホームレスさんが小屋の中で改造作業をしているときに、ウロウロフラフラしているうちに、外に出てしまったらしい。

連絡を受けて愛さんが飛んで帰ってくる。改造作業をしていたホームレスさんが愛さんに怒られる。

「三重苦の子なんだから、気をつけてくれって言っただろう……」

やはり、敵は身内にいるのだ。いつもここは……。

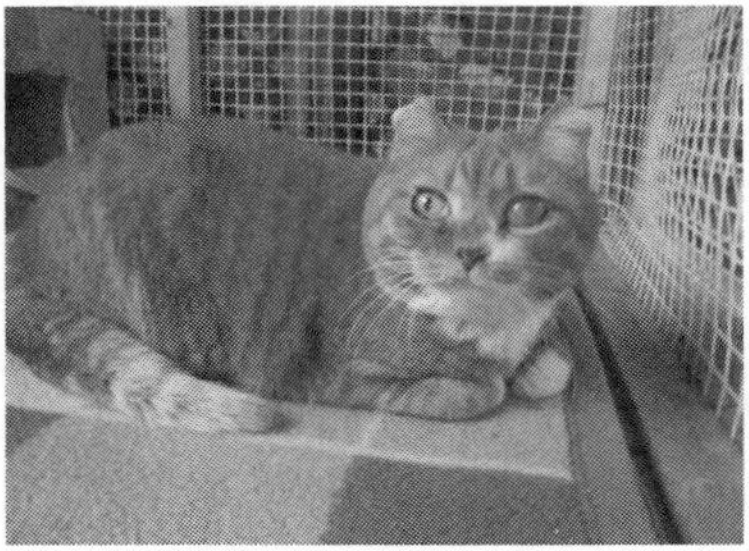

三重苦のピースは優しい

愛さんはすぐに近所のホームレスさんに声をかけた。駆けつけてくれたホームレスさんは12人。みんなで手をつなぎ横一列になって隣接の公園の草むらを捜索。バラバラで探していると見落とすので横一列になり、草の根捜索をするのだ。

しかし、ホームレスが横一列に手をつなぎ、「いっち・に、いっち・に、いっち・に……」と掛け声とともに草むらを歩いているのだ。

うっかり、この異様な光景を見てしまった人はどう思ったのだろう?

捜索はまる2日続いたが、ピースを見つけることはできなかった。

愛さんは公園の池の底までさらっていた。

3日目の早朝、朝ボラのSさんが公園の池のへりにうずくまっているピースを発見。愛さんは思わずそこにへたり込んだという。あと数センチずれて、池に落ちたら三重苦のピースはまず助からない。しかし3日もどこにいたのか? なんで池に現れたのか? いまだに疑問なのだが、脱走にはこのような「フラフラ系」もあるのだなぁと、日々発見である。

それにしても私はこのピース大捜索のとき、飛騨の寺に行っていて、数日施設には行けなかった。

あとで、一連の話を聞いて思わずこぼしてしまった「良かった、いなくて……」。

ホームレスさん12人と手をつないで横一列になり、掛け声とともに公園を縦断。それも2日間、……恐ろしすぎる。

飛騨のご本尊様、ありがとうございます。法要に呼んでくださって。

猫だけでなく、犬ももちろん脱走する。

穴を掘り続けて床下から脱走した「ベル」。

天井の二重網を食い千切って脱走し、施設の屋根から降りられなくなっていた福島からのレスキュー犬。

大型犬だとその破壊力もまたずば抜けている。

愛さんの友人M社長の愛犬「太郎」。甲斐《かい》犬のオス。かなり気合いが入った子でM社長以外は触われない。そんな太郎を社長が一泊お留守になるということでお預かりした。

施設の犬小屋は鉄網で覆われた小屋の中に、ベニヤの部屋と小さな運動場に分かれている。入り口には鉄網の内扉の外にもう一枚、腰くらいの高さの外扉と二重構造になっていた。

太郎は愛さんでも触れないので、万が一を考えて犬が噛み切れない長目の銅線リードをつけたまま、二重扉の犬小屋に入れられた。

夕方、施設に行くと「犬小屋に入っている」と連絡を受けていた太郎が、なんと犬小屋の外扉の外に立っていた。よく見ると長い銅線リードにつながれたまま、私の腰くらいの高さの外扉を飛び越えたらしい。

（でも、なんで、こんなところに？）よくよく見ると、小屋の鉄網が数本食い千切られ、鉄網ごとめくり上げられていた。そこから潜り出て、外扉を飛び越えたのだ。

「うわっ、すごい。この鉄網を破るとは、さすがだ……」

愛さんが用心して銅線リードをつけていなかったら、大脱走で大騒ぎであった。これには一同「愛さんお手柄！」と拍手喝采だった。太郎の脱走は未遂に終わったのだが、さすがに大型犬は豪快である。


同じ犬でも「ちょこまか脱走系」もいる。

今、施設で里親探しをしている保護犬ミニチュア・ダックスの「花火」。

花火は脱走の名人で犬小屋から出して少し目を離すと、もういない。ちょこちょこと飛び跳ねるように歩き「ああ、その辺にいるのね」と思って目を離すと、いつのまにか消えている。

ただ、脱走はするのだが花火の〝潜伏先〟はいつも決まって、近所のホームレス「つるさん」の家。つるさんの家には施設の裏から地続きで行けるのだ。

花火はつるさんの埋めた生ゴミを掘り出す。つるさんが隠した食料を探し当てる。つるさんの食べ残しを漁る……。まさに鼻をきかせて獲物を探すダックスの本領発揮。

花火にとってつるさんの家は宝の山なのだ。

連れ戻しても、連れ戻しても、花火は「ちょこまか脱走」を繰り返し、つるさんの家に張り付く。まるで執念深い刑事が事件の証拠を探しているようなしつこさである。

そのうちに犬猫を盲愛して人間には手厳しい愛さんが、「つるさん、うちの犬がつるさんのとこ行っちゃうから、食べ物を外に出さないで。ゴミも外に出さないで。ゴミも埋めないで」と言いに行く。……愛さん、無体。つるさんはホームレスで「食べ物を外にださないで」って言っても、もともと路上生活者なわけですよ。居るところがすでに外。つるさんは外で暮らしているのに、「外に食べ物だすな」って……。

で、花火は新参者だけど、つるさんはもう30年以上もそこに住んでいるのです。

「花火をロングリードでつなぎましょうよ」と提案すると、愛さんは聞こえないふりをして、また「つるさん、つるさん！　うちの犬がつるさんのとこ行っちゃうから、食べ物外に出さないで。ゴミも外に出さないで！　ゴミも埋めないで！」。あげく「つるさんは耳が遠いからなぁ」と、貼り紙まで書く始末。

脱走百景。振り返ると笑い話になるのだが、その場面では当然、笑えない。しかし、そういう場面でこそ、いろいろな人間性が暴かれるので愉快でもある。

誕生死

春うらら……、春眠暁を覚えず……。

施設の周辺も新芽が顔を出したり庭にウグイスがきたりと、やっと凍えるような作業から解放され春の香りに包まれ始める。

しかし、そんなほのぼのしさとは裏腹に、この時期の施設はピリピリムード。

なぜなら、子猫が生まれる季節だから。

施設周辺に住むホームレスさんの中には缶集めの傍ら、町の野良猫のえさやりをしている人もいる。人気《ひとけ》のない早朝に缶を集めるときに、お腹をすかせた野良さんと遭遇するのだそう。

自分たちが集めた缶を売ってそのお金で猫のご飯を買う人もいるが、えさやりをしていると、野良の顔見知りが増えてくる。どんどん増えると自分の稼ぎではまかなえなくなってくる。あげく、ご飯をもらえる猫は栄養状態もよくなり、放っておくと次々に子供を生むことになってしまう。

現在の社会事情を考えると野良猫にえさやりをする場合、去勢・避妊はセットで行なう必要がある。そうしないと猫は数倍ペースで増えていく。すると当然、野たれ死にする悲惨な子猫も増えるし、その調子で街中で猫が増えるとさまざまな近隣トラブルになったり、ただ生きていくことに必死な猫が虐待や捕獲の対象になったりすることがある。


しかし、去勢・避妊のための野良猫の捕獲は簡単ではない。いくらご飯のときに寄ってくる子でも、触れておとなしくケージに入れられる子はそうはいない。

なので、たいていは専用の捕獲器が必要になる。経験がなく不慣れな人には、その捕獲器の扱いにも難儀する。

ホームレスさんはそんな知識もなく手段も持たない。ましてや去勢・避妊の費用なんてあるはずがない。というか、先のことや周りのことは考えない人もいるし、増やしたら増やしたままの場合も少なくない。いよいよ負担になれば、フイっとそこを離れてしまう最悪なケースもある。

だが中には、猫を増やしてしまっておろおろと狼狽している人もいる。

施設の愛さんはそんなホームレスさんに猫のフードを分けてあげたり、関わる猫の去勢や避妊、病院代を引き受けている。もちろん自費（慈悲）で。

本来、こういうことは愛さんのような個人や保護団体がやることではなく、行政がやるべきことであるだろうと思う。

情操教育という名目のもとで動物保護や命の尊さを語り、もう一方で自分たちの街中にいる小さな命さえ助けない。そこで奮闘しているのは民間の無償どころか、自腹を切って働くボランティアだったりする。

そんなこんなで施設には猫のフードをとりに来たり、去勢・避妊を頼みに来るホームレスさんが引きを切らない。

それでもまだ、そのように自ら頼みにくる人は優良だ。お金はすべて愛さん持ちだけど……。困るのは相談にも来ないで猫を増やし続け、手にあまったら大きくなってしまった猫を持ってくる人。また一般のえさやりさんから、生まれた子猫を押し付けられ施設に持ち込んでくる人である。

このような人たちには、「ここは寄付をもらって運営しているわけではないから、そのようなことは本当に困るのだ。できないのだ」といくら理由を話して説明しても、何年も同じことを繰り返す。

ホームレスさんにはなかなか、通常のコミュニケーションパターンが通用しないことがある。

自分の常識、自己保身、自分がやりたいこと、自分だけの世界観に生きている。どんなに恩ある人が困ろうが、迷惑をかけようが同じ失敗パターンを繰り返す人が多い。だから、ホームレスをしているのだなぁ、と思う出来事が少なくない。

70代のシルバーTさんは、毎年たくさんの子猫を施設に持ち込む。彼は街なかでも、えさやりさんたちとえさやりをしている。自分たちがえさやりをしている猫が子猫を生むと、ひどいことにだまって施設に子猫を置いていく。あとから聞いても「知らない」と、うそをつく。だが、必ずあとから誰かが「あれはシルバーTさん」だと証言があがる。

シルバーTさんは30年近く愛さんにお世話になっているのに……。こんなことをやられたら、もう私たちの作業は本当にキリがなくなるのだ。

かと思えば60代のネコのえさやり命のTさんは、人と関わるのを嫌い一人でえさやりをしているのだが、えさやりだけが好きで、猫の病気や子猫が増えることに無頓着。

えさやり猫をどんどん増やすのに、去勢・避妊もしないから子猫が生まれる。無作為に増やす彼の子猫のため、愛さんに内緒で私も自腹を切る羽目になる。

子猫を二腹（10匹くらい）も引き取ったら、里親に出すまで血液検査やワクチン、病気の治療、預かりさんへの謝礼、ミルクに離乳食など十数万かかるのだ。

なにより、子猫の世話で自分の仕事も睡眠時間もままならず、数ヶ月は子猫の世話や里親探しに翻弄される。

「ごめんね〜。何度も妙玄さんに妊娠する前に捕獲して、避妊するように言われてたのに。捕まえるのは簡単だったけど、生ませちゃって。まぁ、オレの猫じゃないからね〜。かかった費用は必ず半分払うからね」

散々な言葉の後、自ら言った約束。それから半年、音沙汰はない。

彼が生ませた子猫10匹はみんな重症の猫風邪で、私は10匹の治療と世話、病院通いで不眠不休の数ヶ月だった……。


一般の人が捨てていく子猫だけでもダウン気味なのに、そのように仲間内？　からも闇討ちにあう。虚しいことこの上ない。説明しても説明しても同じことを毎年繰り返される。私のカウンセリングテクニックも形無しである。

ホームレス恐るべし。

とにかく生まれてしまうと授乳、子育て、病院通い、里親探しまでやる羽目になる。長くて辛く、大変な金額がのしかかってくるのだ。

母猫がいればまだいいが、子猫オンリーの場合も多い。母猫だって子育てを必死にやって、子猫を私たちに取り上げられるのだ。その悪役はかなり辛い。狂ったように何日も子猫を探す母猫の姿と、子猫を呼ぶ鳴き声を聞かされるのだから。

そんな事態をなるべくさけるために愛さんが今春、えさやりしているホームレスさんが関わっている猫と、施設周辺に最近現れた猫たちの一斉捕獲をした。

たくさんいるホームレスさんの缶集めの行動範囲は広いし、施設周辺といっても、あの子もこの子もとジリジリと数が増えていく。

５台ある捕獲器はフル回転だが、よく施設の子が捕獲器に入ってたりする。

「あぁーー、デカちゃん、何で何回も捕獲器に……」

朝夕に何杯もおかわりして、ささみもかつぶしも、猫用かにカマも食べているのに……。しぶしぶ、また仕掛け直す。街なかで捕獲器をかけたら、かけっぱなしでその場所を離れられない。捕獲器に入った猫は身動きが取れないため、心ない人にいたずらされたら困るから。猫にばれない場所で待機しないとならない。それに、他の猫が捕獲されるところを見ると近寄らなくなる賢い猫もいるのだ。

カシャッ……、捕獲器の閉まる音がする。

「やった！」と飛び出て行く。

思わずひざをつく。……デカちゃん。

施設ではそんな騒動を繰り返しながら、捕獲のプロフェッショナルの力も借りて、春～夏にかけて結局、五十数匹の野良さんを捕獲した。その中でメスが6割強。全てのメスが妊娠していた。獣医師に「妊娠してるね」と言われるたびに、崖から突き落とされた気分になる。猫はひとつの子宮ではなく、子猫の数だけ袋がつらなる。その一つひとつに赤ちゃんが入っているのだ。なんでこんな辛いことを民間の私たちが自腹で……。

しかし、生ませることはできない。30匹の母猫が平均5匹の子猫を生むと150匹の子猫が生まれるのだから……。その子猫たちは早ければ1年たたないうちに、また5匹くらいの子猫を生む。

妊娠した母猫は赤ちゃん入りの子宮ごと摘出。そして「避妊してますよ。子供を生まないので、地域猫としてよろしくお願いします」の意味と合図を込めて、片方の耳をカットする。確かに耳カットはそのときはかわいそうなのだが、そのような誰にでもわかる合図がないと、流動的な野良さんたちは数年たつと私たちにもわからなくなるし、また他の人から捕獲され避妊のための無用な手術をされる羽目にもなる。

赤ちゃん入りの袋は病院によって処置が異なる。私たちボランティアには病院側で処置してくださることもあるが、袋を渡されることもある。そのようなとき、私たちは病院側の提案に従う。手術をお願いしていた病院で数匹の母猫と母猫たちの赤ちゃん入りの子宮を受け取り、重い足取りで施設に帰る。

帰りの車ではぶつけようもない怒りや、いかんともしがたい悲しさで、頭の中は罵詈雑言がうずまく。

施設のお墓に穴を掘る。お母さん猫に手をつく。

ごめんなさい。ごめんなさい。ごめんなさい。ごめんなさい……。

いくら謝っても自己満足に過ぎない。わかってる。

それでも私は自分が自分を許すために、母猫に謝っているのだ。

穴に白い布で包んだお母さんたちの赤ちゃんを入れ、その上にたくさんの花を入れる。土をかぶせる。

ふっ……、と空を見上げる。

（いい天気だなぁ……）

こんな晴天の青い空なら、まっすぐ上がれるかなぁ。

一緒に手を合わせる人がいるときは、般若心経を一巻の短いパターン。

自分一人で時間があるときは、高野山の僧侶が毎日お唱えするお経をあげる。このお経は全段がかなり長いので一人のときにしかお唱えできない。このときは私一人だったので、（いつものお経にしようかな……）と思ったのだが、ふいに観音経を思いついた。

そうだよ、観音経だ。この子たちは観音さまにお願いしよう。そう思いたった。


手を洗い、場を清め、灯明と線香、お花を添え、草むらを精一杯荘厳《そうごん》にする（仏さまをお呼びするために場を整え飾る）。袈裟《けさ》と数珠《じゅず》を持ち、観音さまにご挨拶をして、自分と場に結界《けっかい》を張る。そして長い観法《かんぼう》に入る。

観音経をお唱えし、観音さまをお迎えする修法を施す。

修法が進み見上げると、ある観音さまの存在を感じた。

優しい慈悲深いお顔に、ふくよかなまあるい手のひら、母性いっぱいの慈愛あふれる観音さまだ。

「ああ……、すごい。赤ちゃん猫に一番必要な観音さまが来てくださったんだ」

観音さまの周りの空間が開いていく。

（ああ……、空が……、空が光ってる）

なんというか、綺麗というよりも荘厳。荘厳なのだが、限りなく優しい。そんな空間だった。

語彙《ごい》に乏しい私にはなんとも形容しがたい。ただ、ただ恐ろしく感動的な光景だった。

実は、僧侶とはいえ、こんなにハッキリと観音さまを感じることは滅多にない。


そのお姿に思わず泣きそうになる。泣くな！　私。

思いを込める。

この生まれてこられなかった小さな魂をどうかお願いします。

まだ生まれてもいない赤ちゃんです。迷わぬようにお連れください。

祈る。

思いを込めて祈る。そして、込めた思いや心願を手放す。

全てを観音さまにお任せして、無我の空間に入る。

どのくらいたっただろうか……。

しばらくすると、ぽーーーーーん。ぽーーーーーーん。という音が響いた。

何の音だろう？

ぽーーーーーん。ぽーーーーーーん。

初めて聞く音。なんだろう？

音を探す。

私の頭上。音は私の頭上からだった。

観音さまと私の間で、母猫の子宮の袋がひとつ、またひとつと破裂していた。
「はっ⁉」何が起こっているのか？　幻覚？　幻聴？　それとも思い込み？
ボー然とただ見つめる。

ぽーーーーーん。ぽーーーーーーん。
破裂した子宮からかわいい子猫が飛び出て、開いた観音さまの手のひらに向かう。
子猫たちはクルクルと回りながら、少しずつ観音さまの手のひらに向かっていく。
どの子もみんな笑っている。楽しそうにクルクル回りながら、笑っている。

「生まれたよ」
「生まれたよ」
「生まれたよ」

どの子もいう。

「生まれたよ」

たまらず、泣きだす。

全ての袋から子猫が飛び出し、観音さまの手のひらに包まれていった。

ハッと、我に返るとそこはもう普通の空だった。

ははははぁーーー。大きく息を吐く。

私の思い込みが強過ぎて、自分で作っちゃった幻覚かなぁ……？

まっ、いいや。素晴らしい光景だったから、何でもいいや。

あの子たち、笑っていたし。

空を見上げる。

（ああ、いい空だなぁ……）

後供養をして、思わず脱力して座り込む。

「妙玄さーん、穴掘るよー」

ホームレスさんに声をかけられたときは、空が薄く夕暮れに色づき始めていた。

「なんだ、もう埋めたんだ〜。言ってくれれば、すぐ穴掘ったのに〜」

ホームレスさんが現実に引き戻してくれた。


「誕生死」という言葉がある。

この子たちの誕生死の意味は、何だったんだろうか？

この子たちを送った不思議な光景を見たときから、ずーっと考えていた。

何の意味があってこの子たちはこのような死を遂げ、このような光景を私に見せてくれたのだろうか？

ときおり思い出し考え続けていたのだが、わからないままだった。

そして、今まさにこの原稿を書いているこの瞬間にあっ！　と思った。

この子たちは今まさに、本書を読んでくださっているあなたのために、このような「誕生死」を遂げたのだ、と。

あなたはこの項をどんな思いで読んでくださったのだろうか？

「こんな野良たちの辛い現実があるんだ……、知らなかったな」だろうか？

「ご飯だけあげてるのって、こういうことにもなるのかな？」
「子宮ごととられるなんて、なんて残酷な！」そんな怒りだろうか？
「死ってなんだろう？　誕生死ってなんだろう？」そんな死生観を考えられただろうか？

ペットが元気なときに「死生観」を考えることは大切なことだ。

「死」は遠からず、必ずくるものだから。家人やペット、私たちもいつ死ぬかわからない。だが、私たちは何か「きっかけ」がないとなかなか生前「死」を考えない。

死を考えないから、それは特殊なものになり、何か得体の知れない恐ろしいものになっていく。「とりあえず、今はいいや」そうこうしているうちに、何も考えていなかった「死」はやってくる。そのときにパニックになる人は多いと思う。

あなたがこの項を読んでくださり、どんなことを感じられたのか？　それは私にはわからない。読んでくださった方の環境、感覚、感性はさまざまだから、受け止め方も多様で当然だ。

しかし、赤ちゃんがいる子宮ごと取られたお母さん猫とこの子たちの誕生死。このような私たちをとりまく現実はあなたに何かを訴えかける。

この子たちの話は初めの企画になかったし、私自身も書こうと考えつかなかった。この手の不思議系の話はあまり人に話すものではない、と通常は思っているから。

私は霊能者でもサイキックでもないし、ただの自分の思い込みかもしれないこの手の「相手が真偽を確認できない話」はあまり公言するものではない、と思っている。

しかし、つらつらと出てきてしまった。

それはきっと、この子たちの誕生死の何らかの意味であり、この子たちが私を通してあなたに対して何かの訴えなのだと私は思う。

私はこの子たちとのご縁をこうして書物にしてあなたにお渡しすることで、ひとつ使命を果たした気がする。それが、この「赤ちゃん猫たちが私を選んだ理由」なのだと思うのだ。

あなたはどうだろうか?

お母さん猫たちは、何をあなたに訴えかけていたのだろうか?

赤ちゃん猫たちはどんな理由で、何をあなたに訴えかけていたのだろうか?

「誕生死」

あなたがその意味に気づいたならば、この子たちのこうした死も生かされるのではないだろうか?　いらない生も死もない。

そうして**他者とつながり、全ての生と死が命の意味を持つのだと私は思う。**

思いは具現化する

私は今まで長い間、家庭の事情で猫のえさやりも、捨てられていた子猫も保護することができなかった。

命を助けるという行為は尊いものだが、家庭の事情がそれを許さない場合もある。そこはいかに尊い行為だとしても、家庭・家族とは自分だけの空間ではなく、家人の意向も尊重していく必要がある。また日々仕事をしている私たちには時間の制限もあるからだ。

私はそのような家庭の事情の中で長年暮らしていた。

今までは悲惨な子猫を見つけても家に連れて帰れず、見つけた場所で世話をしたり、そのまま見過ごしたことが何度かある。まだ何の力もなく、自力で生きていくことができない子猫を何匹も見殺しにしてきた。

その苦しい記憶は今でも、その一つひとつを鮮明に覚えている。

後に犬猫保護施設を手伝うようになり何十匹もの子猫を保護し、寝ずにミルクを与え、それこそ母猫の代わりになめるように育てて優しい里親さんの元に送っても、そのような幸せになった子の記憶はあまり残っていない。どんなに自分が大変だったとしても。

しかし、自分が見殺しにした子猫たちの場面、姿は全て覚えている。何年たっても。そして、思い出すたびに泣ける。


まだ愛犬しゃもん（シベリアンハスキーのオス）とキャンプに行っていたころ。犬たちを湖で泳がし山道を散策し、仲間とバーベキューをして帰ろうとしたそのとき、2匹の小さな子猫が必死に私の足にしがみついてきた。

「みゃ〜みゃぁ〜」と、できる限りの声で助けを求め鳴いていたが、その声は必死さの割に弱々しいものだった。

「どうしよう……」

私たちは帰る間際で、犬たちは仲間とともに、もうおのおの車に乗っている。

戸惑う私に、友人が声をかけた。

「さっちゃん（私の本名）、拾わないで。病気持ってるかもしれないよ。私たち犬がいるんだから」

その言葉に「そうだよね……」と同意した私は、小さな折れそうな手で必死に私の足にしがみついて鳴いている子猫を振り切り、車に乗り込んだ。

食べるものも何もあげずに。自分の足から放したときに触れた小さな子猫は、お腹がぺたんこだったのに……。

発進した車内から後ろを見ると、もう夕暮れの中、人気《ひとけ》のなくなった山間の駐車場で小さな小さな子猫が鳴いていた。

あのときの光景が今でも忘れられない。

あの子たちの鳴く声が今でも耳に残っている。

そして、あの子のぺたんこだったお腹……。

冬も近い山である。状況から考えて、あの子たちはあのまま死んだのではないかと思う。夕暮れの誰もいない駐車場で、誰にも救われずに寒さに凍えて、飢えて死んだのだと思う。

足にしがみつかれたときに、「どうしよう……。うちには連れて帰れないし」と思ったところで、友人が言った言葉に「そうだよね。私たちは自分の犬を守らなければならないもの。子猫が病気を持ってて、うつったら困るし」そう思うことによって、卑劣な自分の免罪符にしたのだと思う。

友人の言葉に子猫を見捨てていい、とホッとしたのかもしれない。

(私が悪いんじゃない。私は自分の犬を守らなきゃ。しゃもんのために)

こんな言い訳を自分にしたのだと思う。

こんな小さな子猫を拾って車に乗せたくらいで、何時間も山を走れる成犬のハスキーにいったいなんの病気がうつるのか?

例え、うつるような皮膚病を持っていたとしても、今なら簡単に治るではないか。

私は自分の犬をだしにして、必死にしがみついてくる子猫を見殺しにしていいという言い訳を自分にしたのだ。「……だから、仕方がない」と。

このときは自分をだませたのだが、そのあと十数年たっても、ふいにあの子たちを思い出す。

あのとき自分にした言い訳を許せない自分がいる。

弱っていたあの子たちには、夕暮れになるこの場所で出会った私が、生への最後のチャンスだったのだと思う。

あの子たちは私の足にしがみつくこと、鳴いて助けを乞うこと、それしかできなかったのに。

あのとき私が振り払ったのは子猫だったのか? 自分の良心だったのか?

忘れるな！　と私の心の奥で私が叫んでいる。

私が言い訳をする自分を裁く。私が私に問いかける。

「次に同じ場面に遭遇したらどうするの？」「また見殺し？」「自分の犬だけよければいいの？」

私が私に選択をせまる。


また、遠方からの帰りの高速サービスエリアで、１匹の猫がニコニコしながら近寄ってきた。「にゃぁ～にゃぁ～」とすり寄ってくる。なでると嬉しそうに満面の笑みになる。本当にその子はニコニコ笑っていた。なでられるのが嬉しくて仕方がないようだった。「お前は本当に人間が好きだね」そう声をかけ、お腹がすいているようだったので急いで売店に走った。

猫が食べられそうなものが笹かまぼこしかなかった。このさい塩分は仕方ない、走って猫のもとに戻ると、その子はチョコンとお座りして私を待っていた。

近寄るとまた、ニコニコしながら「にゃぁ～にゃぁ～」と寄ってきた。

笹かまぼこを小さく千切ると、猫はすぐにガツガツと食べ始めた。

しかし、口には入れるのだがパッと吐き出してしまう。また食べようとするのだがまた吐き出す。

（お腹すいてなかったのかな？）

そのうちに猫はまた、なでてなでてとニコニコすり寄ってきた。

ふっ……、とその子が顔を上に向けた。

「えっ!?」そののどを見て、ギョッとした。

そののどは大きくえぐれているようになっていたのだ。真っ赤なのだが、潰瘍か何かが破裂したようだった。

(食べないんじゃない! 食べられないんだ!!)

私はなでていた手を急いで引っ込めた。何やら不気味な病気に見えたのだ。そしてその子の痛々しい姿に怖気づいた。

私は、にゃぁ〜にゃぁ〜とまとわりつくその子から後ずさりして車に乗り込んだ。

(仕方ないよ。あんなひどい病気。私にはどうすることもできないもの。うちの猫にうつるかもしれないし……)

繰り返し繰り返し、逃げた自分に言い聞かせた。


でも、何年たってもあの子のことを思い出すのだ。

あのニコニコ笑っている顔。

あんな姿になっても、人間が好きで好きで大好きで……。

そんなあの子のことが忘れられない。

（仕方ないよ。あんなひどい病気。私にはどうすることもできないもの）と言った自分を問う声がする。

（私にはどうすることもできない？　本当に？　本当に何もできない？　それともそれは逃げた自分への言い訳か？）

自分の心の奥底から、私が私に問う。

そんな過ぎたことで、めんどくさく自分を追い込んでどうする、と自分を弁護する自分。

自分の行動を責めているんじゃない！　自分の気持ちにうそをつく自分を責めているのだ。

逃げるな！　向き合え！　と心の奥の自分が言う。

そう、かわいそうな子猫を見過ごした。その行為は仕方がなかったかもしれない。私たちにもいろいろと事情があるのだから。

だが、問題はそこではない。

何も、かわいそうな猫を保護できなかったからと、責められる筋合いはないのだ。私の猫ではないのだから。

そういうことではなく、**問題は「何もできなかった」と自分をだますことにある。**

私の心は言う。「私は何もできなかった」のか？　「私は何もしようとしなかった」のか？　どっち？

かわいそうな子猫は、助けなければならないわけではない。

しかし、そのときは「助けられない」のではなく、「助けなかった」という真実を認める力が必要なのではないかと私は思う。

この頃の私は、こんな自分の恥を潔く受け入れることができなかった。

家の近所で、体中が疥癬で母猫に見捨てられた子猫がいた。

この子を見つけたとき、私はこの子も助けなかった。ただ、見つけた場所にダンボールとご飯を置きに通っただけだった。さも、「できる世話をしています」と自分だけを納得させる自己満足のために。

今なら疥癬は注射で治る。でもそれもしなかった。

獣医さんに連れて行ったら、治った後この子をどうしよう……、と思ったからだ。

ぐずぐずと中途半端な接し方をしていた。

そんな中、この子猫を見つけた若い夫婦がすぐに、この子を病院に連れて行ってくれたと近所の人から聞いた。ホッとしたのも束の間、「でも翌日死んじゃったんだって。もう少し早ければ助かったと言われた」と若い奥さんが泣いていたと。


私には泣く資格もない。

この子をかわいそう……、という資格もない。


私の猫ではないのだけれど……。

なのに、あの体中が疥癬の子猫を思い出すたびに泣けるのだ。

中途半端な接し方をしているうちに、あの子が死ぬことをあのときの私は知っていた。

死んでしまえば保護する場所も、家に連れ帰ったら起こる家人とのトラブルもない。その後の世話も里親探しも、面倒なことは何も起こらない。ここで関わりは終わるのだ。

母猫も飼い主もいない小さな子猫。私はできることをやった。仕方なかったのだから。

そんな自分をだます言葉を自分に言い続ける限り、心の奥から声がする。

（見殺しにしたよね？　助けなかったのに、助けられなかったって言ってるよね？）

そして私が私に問う。

（ねぇ、また同じことをするの？）


私はずいぶんと繰り返していた。

山で見た捨て犬、公園で弱っていた猫、虐待されていた犬。

私はどれくらい見て見ぬふりをしてきたのか？


その子たちを捨てたのは私ではない。私が救わなければならないわけでもない。

だけど、私は助けたかったのだ。本当に助けたかった。

私の事情と関係なく、あの子たちは私が手を差し伸べれば助かったのだ。

私はこの間、単独で縁ある数十匹の犬や猫を保護して、里親さんを探し譲渡ができたこともあった。


しかし、優しい里親さんの元にいった幸せな子のことは、ほとんど思い出すことがない。

事情はどうあれ、見捨ててきた犬や猫たちのことは鮮明に覚えている。

折に触れ思い出すのだ。数十年たっても……。

私が悪いわけではない。人には事情がありし仕方なかった。けれど、私の魂の奥底から叫び声がする。

（見殺しにするの？）

（助けないの？）

（ねぇ、いつまで自分にうそをついて、同じことを繰り返すの？）


「ねぇ……、また、同じことするの？」


この言葉は真実の私なのだと後から気づいた。

真実の私は「ねぇ、助けようよ！」「ねぇ、助けたいよ！」「助けてから考えればいいよ！」と言う。

現実の私は「〇〇の事情でできない」と言う。


私たちにも事情がある。家人がえさやりや保護に反対している。ペット禁止の住宅にいる。介護や仕事で世話ができない。猫アレルギーの家人がいる。寝る間もないほど忙しい。

私たちには私たちののっぴきならない事情があり、社会にはルールがある。

真実の自分の声に、耳をふさがないとならなかったことも少なくないと思う。

そう、私たちにはどんなにかわいそうな子猫でも、助けられない事情がいろいろとあるのだ。

それは仕方のないことだと私は思う。

しかし、そのまま真実の自分の声を「仕方がない」と無視していると、恐ろしいことに、しばらくしてまた同じような状況に遭遇することがなかったか？

また、子猫を見つけてしまった。うっかりつけたＴＶで捨て猫の話をやっていた。なんとなくつながったネットで保護猫の話を見てしまった……。

苦しい……。

なぜだかわからないが、無性に胸が苦しくなる。

ないだろうか？　このようなことが。

私にはあった。ひんぱんにあった。

逃げても、ごまかしても、影のようにまとわりつかれた。

それは真実の自分の気持ちなのではないか、と私は思う。真実の自分は繰り返し、現実の私に訴えてくる。

「見てごらんよ！」「どう思う？」「ねぇ、また見逃すの？」

しつこい……。

真実の自分の心は自分が真実に目覚めるまで、さまざまな方法で訴えかけてくる。

ＴＶや雑誌、ネットで見るかわいそうな動物の状況に怒りがわいてくる。

その怒りは動物を虐待したり、捨てたりする人に向いているのだろうか？

それとも無力だと思い込む自分に向いているのだろうか？

そのとき感じる私たちの胸の痛みは、いったい何なのだろう……。


私たちは「かわいそうな子を助けたい」という思いと「助けられない」という思いで揺れ動く。

重複するが、そのとき事情があって助けられないのは仕方がない。

問題は「何ひとつ、まったく何もできなかったのか？」それとも「やらなかったのか？」という自分に対しての嘘と誠。

そして**「今は仕方なくできないこと」**を**「今後どうするか？」**ということだ。


自分の中のうそに気づいたとき、私はもうたくさんだ！　もう同じことを繰り返すのはイヤだ！と心から思った。

もうこんなふうに自分にうそをついて、自分に言い訳をして、自分がやりたくなかった行動を正当化するのは、もうイヤだ。

せめて自分の前に現れた、ご縁ある子くらいは助けたい！

心底そう思ったとき、私は自分と向き合い始めた。

自分への言い訳、ずるさ、正当化、自己満足、自己弁護、もろもろの自分の卑劣さから逃げず、目をそむけず対峙した。

自分を追い込んだわけではない。自分の現実に正面から向き合ったに過ぎない。自分を追い詰めたのではなく、ただありのままの現実を見たに過ぎない。


言い訳や自己弁護というフィルターを外した自分の姿を見るのは辛かった。

そこには「やらなかったこと」を「できなかった」と自分に言い続けてきた私がいた。そこにはうそつきで、いい人ぶりたい、ずるい私がいた。

私が一番嫌いなタイプのずるい人間。それが自分の姿だった。

そんな自分の真実を知るのは、苦しかった。逃げたかった。目を背けたかった。

「私にだって事情が……」「私も辛かった。でも……」「私は今仕事が……」そんな「私が」「私も」「私だって」という「私、私、私、私……」。


そんな自分を見ながら、ハッと気づいたことがある。

私は今、ボランティアでホームレスさんたちと交流し、微弱ながら支援もさせていただいている。

みんな「根は悪くない」といえばそうなのだが、どんなタイプの人にも、ホームレスさんには「ある共通点」がある。

何だと思われるだろうか？

私が感じる彼らの共通点は「現実を見ない」ことだ。「現実から逃げる」「自分にうそをつく」といってもいいかもしれない。

社会から逃げて、家族から逃げて、仕事場から逃げて、人間関係から逃げて、最後は自分の真実の姿から、自分の本当の気持ちから逃げる。

すると人間はどうなっていくのか？　何かあるたびに自己弁護の塊になっていく。

彼らはよく言う。「仕方ないよ」「できないもの」「わかっているけど……」「オレのせいじゃない」。

その姿が、かわいそうな子たちを見て見ぬふりをしていた自分と重なった。

ああ……、このままではいけない。このまま自分にうそをつき続けてはいけない。彼らは私の未来の姿だったのかもしれない。

私はそうして、自分の真実を見た。

まずは自分の真実を見ないと「ではその自分をどう変えるか？」そういう発想にならない。

うそをつく自分を正当化するということは、「正当なんだから自分を変える必要がない」ということなのだから。

人は間違いを認めるから直すことができる。直そうと考え始め、直そうと努力をする。たとえ直す方法がわからなくても、本当に自分がやりたかったこと目指して、もがき続ける。考える。もがく。あがく。

「私は縁ある子くらい助けたい。自分を正当化して見殺しにするのはもうイヤだ！」

と念じ続けていた。

それがどういうことになるかはわからなかったが、とにかく真実の自分を認め、本当にやりたかったこと、とりたかった行動を心から求めていた。

素直に。単純に。そして強く。

本当に私はあの子たちを助けられなかったのだろうか？

本当に？　本当に何もできなかった？　考え続ける。答えを求めていろいろ本を読む。また考える。いろいろな人にも会って話を聞く、話す。保護活動家や愛護活動家にも話を聞いた。そしてまた考える。私に何ができるのか？

そうしていたら、あるとき、ふっと気づく。

いや……、まてよ。私自身がかわいそうな子を助けられなくても、そういう子を助ける活動をしている人の何か力になれないだろうか？

または、そういう人の手伝いができれば、かわいそうな子に遭遇したときに、今度は私に協力してもらって私にも何かができるかもしれない！

そうしたら、その子を見捨てず連れて帰れるかもしれない‼

それはいきなり、部屋の分厚いカーテンが一気に開かれたような感覚だった。

「一人でやろうと考えていたからだ。だからどん詰まりだったんだ！」

「私にできないなら、できる人に協力すればいいんだ」

一気に心に光が差し込む。

すると協力できる方法があれこれと浮かんできた。

人生が一気に楽しくなった。

どんな人に協力したらいいんだろう？　こんなことはどうだろう？　あんなこともできるかも……。

考えると心がワクワク♪　するのが止まらなかった。

するとある日、ひょんなことから（まぁ……、毎度のことですが、絶対ひょんじゃないけどね）、人を介して、個人で犬猫の保護をしている愛さんという人に出会った。

私はこの施設とご縁ができ、すぐにお手伝いを始めたのだ。

ボランティア初心者の私には戸惑うことも多かったが、ここにいる捨てられた犬猫たちのお世話をすることで、私が助けられなかったあの子たちに償いができるような気がしていた。

しばらくすると、今度はわんさかと捨てられた子猫の世話を一手に引き受ける羽目になった。

2時間おきの授乳で寝られず、子猫のシーズンは毎年仕事を抱えながら過酷な状況になる。

しかし、施設でどのような苦しいことがあっても、子猫にまみれ、数ヶ月も寝不足で死ぬような思いをしても、それでもこのようにお世話ができて幸せだと思う。

もう命を見殺しにするのはイヤだ。自分に言い訳をしながら、何十年も苦しむのはもうイヤだ。思い出すたびに、自分はなんて卑劣な人間なんだと自分をののしるのは苦しい。

こんな思いが施設での苦労を吹き飛ばしてくれる。

私は「縁ある子くらいは助けたい」「もう自分にうそをつきたくない」という思いをついに実現できる状況を手に入れたのだ。

私は自分の望みや願い、思いはこのように具現化できると思っている。

それがなされない大きな理由が「現実の自分と向き合うことの省略」ではないかと私は思う。
ここを省略してしまうと、ここを「仕方ない」「できないから」と自分をだまし諦めてしまうと、「こんな自分はイヤだ！　だから変えよう！」と思わない。
そんな自分を変えようと思わないから、次に「本当はどんな自分になりたいか？」が出てこない。「本当になりたい自分」が出てこないと自分の本当の夢や願いに辿りつけない。

巷にはたくさんの夢を叶える方法が提案されている。なりたい自分になれる本もあふれている。
私も声高く言う。

人は自分の望みや願い、思いを具現化できる、と。

自分の現実を見て、自分にうそをつかない、逃げない。
そこから「真実の自分の夢」が導き出される。「なりたい自分像」が顕現する。

それこそが「引き寄せの法則」なのだと私は実感する。

私にそういう一連のことを気づかせるために、あのかわいそうな子たちは、私の目の前に現れたのではないかと思う。

それが、「死んでいったあの子たちが私を選んだ理由」ではなかったか？

どんな小さな出会いも意味がある。

どんな儚い生命にも生まれてきた意味がある。

そこにご縁をつなげるのも、ひとときの交わりで終わらせるのも自分の選択。


本当のあなたは今、何がやりたいと言っているのだろうか？

マリアは捕獲器をつかむ

たびたび本書に登場してくださる猫の保護活動をしているMさん。

その活動は周辺の猫のえさやり→避妊・去勢手術→里親探し→福島や他の地域でのレスキュー→不幸な猫を無くすための啓蒙活動と、多岐にわたる。

そんなMさんの保護活動の内容とMさんを支えている信仰の話をご紹介したいと思う。


Mさんが猫の保護活動を始めたのは、平成8年、今から18年も前のことである。

ある友人の家の周辺でなにやら野良猫があふれかえっている場面に遭遇。

あきらかに病気の子もいれば、子猫もいる。

かわいそうに思いご飯をあげてみたら、うわぁーっと群がってくる。猫たちはみな飢えていた。

そこは古い民家に住むおじいちゃんが安易に中途半端な量のえさやりを続け、猫たちが繁殖を続けていたことが判明。Mさんが自分で見よう見真似で捕獲器をかけ手術を始めた。

手探りの猫ボラ事始めである。

40数匹いた猫が10年通って5匹になったころ、近所の猫好きの方が「5匹なら私がえさやりしますよ。毎日遠くから大変でしょうから」と申し出てくれた。10年間、車で30分かかる場所に通い続けて、猫たちの世話をしていたのを見てくれていたのだ。

その後もMさんは、えさやりを替わってくれた方にフードや薬を送ったりしていた。その最後の1匹は現在もまだ生きている。もう20歳近く。

その最後の1匹は世話をしてくれた方が「外は寒いし、年寄りだから」と家に招き入れてくれたという。十数年の年月の結果である。

ここからMさんの猫の保護活動が本格的にスタートした。


それからというもの、自宅近所の公園、駅周辺などの野良さんたちの捕獲、手術、耳カットを繰り返し、Mさんの周辺は確実に不幸な野良さんたちが減っていった。

まだまだインターネットが広がってない平成11～12年頃。新聞広告などで里親探しも始めた。

野良さんのえさやり、手術、里親探し。そんなことを続けるMさんには、だんだんと協力者や仲間も増えていった。

押し付けにならず、相手の気分をそこねず、なおかつ自分の主張はきちんと通す。Mさんのそのコミュニケーション能力は、試行錯誤の活動の中で得たものもあるのだろう。

そのうちにMさんは、ホームレスさんが増やしてしまった猫の手術や、地域のえさやりさんの相談も受けるようになっていく。

そんな活動の中でも一番印象に残っているのが、ある地域での薬品による猫の虐待事件だという。


硫酸のような液体の薬品を猫に浴びせる。そんな事件がある地域で頻発した。

薬品をかけられた猫は被毛はおろか、皮膚、肉が焼けただれ、重篤の子は骨までもが露出。ある年は12匹の猫を保護したのだがどの子も重症で、病院に運ぶも苦しんで亡くなる子も多かった。死亡した猫の中には飼い猫も含れた。このような場合はとにかく110番をする。虐待は犯罪だし、警察に来てもらい証拠写真や記録を残してもらうのは重要だ。

私は一度、この事件で被害にあった猫を見せてもらったことがある。後頭部からしっぽまで背中一面の肉が溶かされ焼けただれ、えぐれていた。

猫は痛みに耐えているのか、震えながら身を屈めるだけだった。

「Mさん、この子……」というと「うん、今病院で治療の帰り。とりあえず連れて帰ってきたんだけど、あまりに残酷な状態でどうしようもないから、夕方もう一度病院に、ね……」

そう言っていた子だが、私が帰ってすぐに亡くなったと聞いた。

猫たちは路上で生まれ、日々のご飯を探すこと、寒さの中では少しでも暖かいところを探すこと。灼熱の夏には飲み水を探し、不本意な妊娠もする。

そんな毎日をただただ、一生懸命に生きていただけなのに、なぜ？　こんな悲惨な目に？


なかなか犯人は捕まらず、結局この同じ手口の虐待は3年間続き、保護した子で亡くなった猫は飼い猫を含め20匹。みんな苦しんで苦しんで死んでいった。

Mさんと仲間たちの必死の保護・看護でからくも一命を取り止めて、ひきつれたやけどの痕が残るまま、もらってくれるという里親さんに引き取られた幸運な子も数匹いた。Mさんはこのように「神の手」を持つ里親さんをよく引き寄せる。

そんな虐待事件は東日本大震災をきっかけに、なぜかピタリとなくなったという。


虐待事件に替わり、今度は福島のレスキューに関わることになった。

それも事始めは、愛さんがすぐに福島に入り、車に詰めるだけの犬を連れて帰ってきた際に、「Mさん、犬のレスキューは入っていたけど、猫のレスキューがいないんだよ」

と愛さんに言われたことがきっかけだという。

私はこのときに高野山に長い修行に入っていて知らなかったが、ああ、愛さんがそんなことをMさんに言っていたなんて……。


その愛さんの言葉を受けて、それからMさんの長い長い福島通いが始まった。

線量が高い地区に入り、飢えている猫をレスキューしてくる。

捕獲器をかけて許可された滞在時間ぎりぎりまで粘る。ときには、猫の頭数を確認するためにえさ箱に監視カメラを設置して様子を観察したりもした。野生動物たちもえさを食べに集まってくるのでいろいろ工夫をしながら、猫がいれば捕獲器をかけて保護をするのだ。

たくさん飢えて死んだ猫の死体を見た。

短い鎖につながれたまま餓死している犬の姿もあった。

それでも泣いている時間がない。滞在が許可される数時間の間に、なんとか生き延びた子を保護しなければ。１匹でも多く。冬になれば福島の山側は豪雪地帯となり、通行証を持っていても危険なので通行できなくなってしまう。そうしたら残された猫たちは食べ物の確保の道を完全に絶たれるのだ。

そんな苦労を重ねた福島通いも、もう3年目。Mさんたち民間のボランティアの力で福島に残された犬猫は確実に救助されていった。

国や県や市の動物たちへの取り組みは遅かった。先進国といわれるこの日本で、テクノロジー最先端といわれるこの日本で、福島の原発が爆発後、残された動物たちの救助に入ったのはMさんのような民間のボランティアたちの地道な手作業だった。

私はこのようにMさんたちが時間との戦いをしているときに、高野山に長い修行に入っていてお手伝いができなかった。その後、Mさんが福島からレスキューしてきた猫たちの中で、ベテランの預かりさんも音を上げる子、鳴き声が大きい、凶暴、人に慣れない、そんな子たちを愛さんの施設で預かるようになってから、喜んでお世話させていただいている。

福島からレスキューされた子たちは「チーム福島」として、3年たった今でも施設のシェルターで野生を発揮している。

みんな慣れずに凶暴なのだが、冬になると仲がいい子も悪い子もみんなストーブの前に集まって、団子になって寄り添っている。

そんな光景を見ることができるのは、とても幸せな気分。

そんなMさんが保護活動をしていて、気づいたことを聞いてみた。

「猫は生まれた場所の中で、水飲み場や隠れ場所など生きる術を確保して生き伸びていく。場所につく猫だからこそ、生まれたところで死んでいける環境を作ってあげたい。捕獲して避妊手術をして元の場所に戻す。このシンプルなことを地域の人と話し合ってさせてもらっているの。避妊手術をすれば、新たな命を生まなければ、静かに減っていくだけ。ひっそりと生きて、自然に死んでいくだけなのだから。けれど、福島ではこれができない。人がいなくなった閉鎖区域では食べ物もなく、寒さも厳しい。だから保護してくるのだけど、私はいつも猫に問う。『閉じ込められて幸せか？』

えさやりをしている野良たちとは毎回、今日が最後かもしれないと思って接してる。ご飯以外は与えてあげられないから。だから少し無理してもおいしいご飯をあげる。

たくさんの猫がいる地域でも、たとえ10年かかっても、外猫は数が少なくなると誰かがえさやりを替わってくれるのよ。長年私がやってることを見てくれて、この数なら私がやりますよ、と言ってくれる人がいる。そうしたらその場所での私のお役目が終わるの」

きっと、そんな人をいつも引き寄せるのもＭさんの人柄なんだと思う。

そんな実際の活動を続けていくと猫好きな人と猫嫌いな人、双方への啓蒙活動も必要になってくる。

だいたい猫を捨てるのは猫が好きな人なのだ。正確には猫は好きだけど無責任な人。そういう人が猫を増やしてしまい、あげく捨てる。猫が嫌いな人は初めから猫に接しない。だからこそ双方への啓蒙が必要なのだ。

ただ、そういう話は説教臭くなっても、相手をただ非難する形になっても効果がない。反感を買われたら逆効果。大事なことは自分の感情や正論を振りかざすのではなく、**①猫を飼うなら終生飼ってもらう、②生ませない。**その2つの大切さと必要性を考えてもらう。かわいいから生ませる、なんとなくと生ませるのではなく、そう意識を変えていくことが、年間何万もの命が殺処分されているという現実を変える方法だとMさんは言う。

「私は自分で不幸な子を少なくしている、という自負がある。相談されて行くどんなに猫が多い現場でも地域の人には『捕獲手術してその子が人生を全うして、自然に猫が減っていき2匹になったら私が自分で自宅に引き取りますから』って話し合うの。そういう形なら話し合えるでしょう」

自分がしていることを理解してもらい、相手の意識を変えることにも働きかける。この辺のコミュニケーション能力の高さがMさんのすごいところだ。

こういう啓蒙活動には、このような「対話」や「調和」が必要不可欠。焦点を動物でなくその周囲でカギを握る人間に当て、自分を抑え、その人たちと対話や調和ができる保護活動家はそう多くはない。

動物たちを救う活動を長く続けるためにはそうした姿勢がないと、自分が体力的にも精神的にも追い詰められるし、活動も行き詰まってくるのだと思う。

人との関わりを大切にし、自分の体の健康や心のケアもしていかないと、自分が病気になったり周囲との摩擦に自らが苦しむことになる。

あなたも嬉しい、私も嬉しい、関わる動物たちも嬉しい。それが平和な共存への黄金のトライアングルだ。

えさやりさんには捕獲器の使い方を学んでもらう。安易なえさやりだけでなく、そう意識を変えていかないと野良さんは１回子供を生むと、倍々ですぐに増えてしまうのだから。

「猫が住んでいる地域の人の猫好き度で、猫の待遇、人生が違ってくるのよね。だからこそ、人の意識を変えていかないとダメなんだよね」

ただ、それにはまずは相手の話を聞き、こちらの考えを伝えるという強い忍耐力が必要だ。

Ｍさんの福島通いは３年目に突入。悲惨な現場もたくさん見た。厳しい言葉も投げかけられた。難しい許可を取り、東京から往復すると丸１日。翌日にはぐったりだ。

子猫のシーズンになると、うじゃうじゃ子猫を自宅に抱える。

深夜のえさやりは毎日。日曜日には里親会に出向き、里親が決まればどんなに遠くてもMさん自身がお届けに行って、終生飼育や生ませない約束ごとの話もする。

そんな多忙が重なる中、それでもMさんは周囲とバランスをとりながら活動を続ける。

いったい何がMさんのそんな活動を支えているのだろうか？　ずーっと疑問に思っていたことを思い切って聞いてみた。

「私ね、カトリックで洗礼を受けたキリスト教徒なの」

ああ……、だから、Mさんの自宅にはマリアさまがたくさんいらっしゃるんだ。

キリストは罪人を救うために、この世に現れた。どんなに罪深いことをしても懺悔し、悔い改めれば許される。そのためには「現実を受け入れることが必要」だとMさんは言う。何か辛いことがあったとき「なんだろう？　このことには何の意味があるのだろう？」といつも考えるという。

現実が受け入れられると、「何が原因でこうなったのか？」「これが原因ならどうしたらいいか？」などの対処法も見えてくる。

しかし、現実から目をそむけ、現実を受け入れられないといつまでも苦しい。起こった出来事の原因も結果もいつまでもわからないから。

Mさんは言う。「私にも拾えなかった子がいる。もう子猫が家にうじゃうじゃいて、そんなときにまた道で子猫を見つけると、(このくらいの大きさなら何とか自力で生きていけるかな……)そんなことを自分に言い聞かせて、後ろ髪を引かれながら通り過ぎることもある。けど、その後もその子のことが気になって気になって……。戻って探すもいなくなっていたら、ずーっと気になるの。そのときにね、気がついたの。

神さまは私ができるからこの子を見せたんだ、私がこの子を救えるから見せたんだって。

そのことに気づいてからは迷いなく、出会った子は拾うようになったのよ。ああ……、受け入れるってこういうことだったんだ。そう思えるようになってからは、ぐんと楽になった」

「どんな苦しい場面でも、どんなに傷つくことでも、最後は絶対に神さまが救ってくださる。そう私は信じているから。だからこの活動を続けていける」

そうMさんは言う。そうしてMさんはその信心通り、数々の局面を乗り越えてきている。

自分が助けたから助けられる。救ったから救われる。物事はそんなふうにやったように返ってくる。

Mさんの強い信心とその通りにピンチを乗り越える力は、Mさんが自分でやってきたことを自ら引き寄せた結果ではないだろうか？

仏教もキリスト教もスピリチュアルも道順は違っても、目指すものはみな同じ。そんなふうに私は感じている。

できるから神さまに見せられる。
救えるから出会う。

それがご縁。それがお役目。見せられたことをやっても、やらなくてもいい。
私たちにはそんな自由意志も与えられているのだから。

「人が怖いまま死ぬ猫ほど不幸な子はいない。愛を知らないで死ぬことほど悲しいことはない。マザーテレサもそう言ってるよね。私もそう思う」
とMさんは言う。だからMさんは自分でできる限りの愛を野良たちに注ぐ。
私たち人間だって、人が怖いと世の中は不安と恐怖でいっぱいだ。

愛を知らないと生きている意味が見出せない。自分を思っていてくれる人がいないなら生きていても仕方がない。自分なんてどうなってもいい、そんな生き方をする。

そんな人々を私はカウンセリングの現場で散々見てきた。ホームレスさんも。猫たちも同じ。

「人は言葉があるから、最後に『愛してる』や『大切ですよ』が伝わるけれど、猫はどうなんだろうね。わからないから最後はなるべく見ていてあげたい。けどね……、他の子のえさやりの時間になって行ってしまったり、子猫のミルクをあげてる間に亡くなったりね。看取れない子も多くて、かわいそうだよね」

Ｍさんはそう言うのだが……、Ｍさんの足元にまとわりつく、ニコニコと嬉しそうなＭさんが天に送った猫たち。私にはみんなが幸せそうに見えた。

「日曜日は教会でミサがあるのに、ここ十数年、日曜日は里親会があるからまともに教会にも行けないのよ。洗礼まで受けているカトリックなのにね。クリスマスにようやくミサに滑り込む。こんなんじゃねぇ〜。ほんとにダメなキリスト教徒よね〜」

そんなＭさんの言葉同様、私も同じことを思っている。

寺の節分があるのに施餓鬼《せがき》供養があるのに、施設で子猫のミルクをあげていて病気の子の治療をしていて法要にいけない。いいのだろうか？　僧侶が寺の法要に行けなくていいのだろうか？

以前、飛騨の師匠に問うたことがある。

「法印《ほういん》さま（お師匠）、もし、とても大きな大事な法要の進行を仰せつかっていて、その法要に行く途中で瀕死の子猫を見つけた場合、子猫を見捨てて法要に行くのと、法要を捨てて子猫を病院に連れて行くのと、どちらが正しいのでしょうか？　どちらが仏の道でしょうか？」

と聞いたことがある。師匠は、

「どっちでもいい。あなたがやりたいほうを選べばいい。どちらも仏の道につながっているのだから」

そう答えていただいたことがある。

名答だと思った。このように答えてくださる師匠を改めて誇りに思った。

もちろんどっちを選んだとしても、その後の自己責任はついてくる。しかし、

「どっちでもいい。あなたがやりたいほうが答えだ」

と相手に答えを出させる人はそう多くないと私は思う。

ミサに行けないダメなキリスト教徒と、法要に行けないダメな僧侶。

そして、時期同じくして敬愛する人から言われたこんな言葉がある。

「神は教会にはいない。
仏は寺院に鎮座していない。
神は貧しい人のところに、仏は見捨てられた人とともにある。
牧師は貧民窟や小さき命とともに、
僧侶は病人や悪人、悩み人あるところにこそ必要とされるものだ」

私の師匠はいつも全国を飛び回っている。病院を訪問して病人に寄り添い、医療従事者に医療の悩みと苦悩を聞いて法話し時に諭し、末期の患者の希望を叶えるために患者を背負って山に登る。

そうなのだ。私はこの方《かた》に強く憧れて、この方の弟子にしていただいたのだ。寺院での読経だけではなく、見捨てられたものとともにいる。それもまた僧侶の役目なのだと。

「教会のミサにも行けないダメなキリスト教徒よね～」
そう笑いながら、今日もマリアは捕獲器を持ち現場に行く。
小さな見捨てられた命を救うために。

教会に行けないマリアは、今日も神とともいる。

第4章

ペットを失う苦しみの意味

最後の選択

2002年に昭文社から『7歳からの犬の本』というムックが発刊された。

この時代では初めての老犬と飼い主向けの本であり、内容は子犬時代の出会いの思い出から、老犬との穏やかな暮らしの提案。介護や看取るという立場の考え方など多岐にわたり、その充実した内容は大変好評で、ムックにしては異例の重版を重ねた。

私はしゃもんを亡くし、ライターとしての最後の仕事としてこの編集に全面的に携わった。もう友人総出で各分野のモデル犬をお願いし、自分のライター人生の集大成。

仕事を請け負った編集プロダクションの敬愛する先輩から「最後のページは、愛犬との別れが

テーマになる。その項目の、そしてこの本の一番ラストに、飼い主の「最後の選択」として、塩田としゃもんの『最後の選択と別れ』を書いてほしい」と依頼を受けた。

12年半、しゃもんと日本各所を回って取材をし、キャンプをし、４００泊以上の旅をして、私はその経験談をもとにドッグライターの仕事をしていた。

しゃもんといつもずーっと一緒にいたくて始めたライターの仕事。

しゃもんに対する「私の最後の選択」が、ドッグライター生活、最後の文章になった。

以下が愛犬との別れがテーマの最終章、私のドッグライター最後の文章である。

◇◇◇◇◇◇◇◇◇◇◇◇◇◇◇◇◇◇◇◇◇◇◇◇◇◇◇◇◇◇◇◇◇◇◇

「最後の選択」


14年前、旅行先のアラスカでシベリアン・ハスキーに魅了された私は、帰国後１頭の雄のハスキーと出会い、『しゃもん』と名付けた。当時26歳だった私は夜遊び好きの商社ＯＬ。しかし、しゃもんと出会い生活が一変した。

極寒の地を生き抜く能力を備えたハスキーらしく、運動しても運動してもまだ足りない。彼は全身でそう訴えていた。

生まれて初めて手にした宝物。

愛しても愛しても愛し足りない。望むことは何でもしてあげたかった。

散歩は毎日朝5時起きから始まり、帰宅後深夜を含めて1日6時間。そして、しゃもんのために車の免許を取得し、週末ともなると見よう見まねでキャンプに行くようになった。森を走り山を駆け上がり、川で遊ぶ。私たちは太陽が昇って沈むまで、夢中になって遊んだ。そして夜は月明かりだけを頼りに、ふたりで寄り添って過ごした。

山でのしゃもんは人の手がなければ生きていけない都会の犬から、持っている能力をフルに発揮する本来の犬の姿に戻る。そこにいるのは尊厳と誇りに満ちた1頭の獣だった。自然の中にいるときの、しゃもんの悦びと美しさを見ることが私の生き甲斐となった。

また遊びを通して訓練もし、しゃもんが1歳になる頃、私がフリーライターに転職したのを機に彼も雑誌のモデル犬になった。一緒に旅したあちこちの土地、宿の情報、キャンプや野外での犬との遊びを記事にする。こうしてしゃもんは、一緒に仕事をしていくパートナーともなったのだ。

しかし、すべてが楽しいことで満ちていたわけではない。先天的に肝臓に奇形を持つ彼は慢性膵炎、大腸炎の持病をはじめ、様々な病気に苦しめられた。高度医療を受けさせ、毎食手作りの処方食を作り元気になるとまた山へ。時間もお金も、すべてしゃもんのために使った。仕事としゃもんの世話、それが私の生活のすべてになった。

私はしゃもんに夢中だった。

そんな生活が続く中、彼が10歳を過ぎた頃だったろうか。病弱だったうえ、加齢も手伝ってさらに頻繁に体調を崩すようになり、このころから私は〝しゃもんの死〟ということを考えざるを得なくなっていった。山ほど愛した分山ほど苦しいであろう別れに、私は耐えられるのであろうか。自問自答の日々が続いた。


プライベートも仕事も含めて、私たちの旅が４００泊を越えた頃、しゃもんが肝臓ガンになった。11歳半。手術で摘出されたガンの塊は１kgもあった。

「先生、あんな大きな塊を取って回復できるんでしょうか……」

「ガンは全て取りきれた。僕は成功したと思う」

獣医師の言葉通り１か月後には、なんと雪山に行けるまで回復した。しかし、このときの獣医師のもうひと言が、私にしゃもんの最後を「覚悟」させるようになった。

「僕はベストを尽くせたよ。あとは僕の領域じゃないんだ」

これ以上この世でできる治療はないんだ。神様の領域まで来たんだ、ということを悟った。私はやがて訪れる〝しゃもんの死〟について、ただ脅えるのをやめ、正面から向き合い始めた。高度医療を受け続けることで健康を維持してきたしゃもん。その手立てがなくなった時には、この先激しい苦痛に襲われることが予想された。

苦しませたくない！ 彼の最期は「安楽死になるだろう」ことを予感した。

私は自分に安楽死の定義を立てた。「自分から食べない」「自力で歩けない」「自力で排泄ができない」このうちの1つでも当てはまる状態になったら、決断しようと思った。それは、野生で生きるものの死であるからだ。

山で見てきた動物たちの死。自らの生きる力がなくなったときに、死は自然と訪れる。ひとつの死は他の動物が生きる糧となり、その後ゆっくりと土へと還っていく。そして、またその養分を糧とし大地に樹木や草花が育ち始める。死は敗北ではない。しゃもんと過ごした山から私が学んだ死生観だった。

獣医師にも意見を求めた。

「治すための治療がもうない。痛みが激しい。この2つが当てはまるかどうかが、殺処分と安楽死の違いだと、僕は思う」

多くの犬を救い、同じ数の犬を看取った人の言葉は私の中に深く浸透していった。

手術後の1年は穏やかに暮らせる日もあったが、月に2～3度は大きく体調を壊す。しゃもんの体は、ゆるやかにその役目の終わりを告げているようだった。同時に長年の看病疲れから私の体も悲鳴をあげ始めていた。しゃもんが体調を壊す、苦しむ、治すの繰り返し。いったいいつまで続くのか……。しゃもんの体が1つ壊れる度に、私の体も心もだんだんと壊れていくようだった。

そして12歳を過ぎた頃、ガンが再発。2度目の手術では全身がガンの巣窟になっているのがわかっただけで、何もできなかった。それから3か月間、1日2回の点滴を続けながらも病状は悪くなる一方だった。食べるたびに嘔吐する姿に、最期のときが近づいていることを実感した。やがて1日中嘔吐が止まらず、薬も何も効かなくなった。吐瀉物と鼻水にまみれた顔を上げて、しゃもんが私に訴えた。

「お母さん、苦しいよぉ。助けて……」

もう生きるためにしてあげられることは何ひとつなかった。私はしゃもんの安楽死の日を決めた。

その日は、抜けるような青空の穏やかな日だった。また信じられないことに、この3か月間苦しんでいたしゃもんが、まるでどこも悪いところがないように体調が良かった。しかし、いつ断末魔の苦しみが襲ってきてもおかしくない状態だということはわかっていた。だからこそ私は、日をずらさなかった。鎮静剤を入れた点滴をすると、しゃもんはうつらうつらし始めた。気持ち良さそうに眠る彼を獣医師のもとへ運び、心臓を止める注射を打ってもらった。その最後のとき、私はしゃもんの耳もとに話しかけた。

「しゃもん、最後の命令だよ。振り返らずにまっすぐに神様のところへ行きなさい」

12歳半。眠ったまま起きない。私のしゃもんの安らかな死だった。

その後、友人たちがこんなことを言ってくれた。

「死の間際に、ふっと元気になる日、病気と仲良しの日って言うんだよ。それは言い残したことを伝える日。だから、その日でよかったんだよ」

「安楽死ってギリシャ語では『よい死』っていう意味なんだよ。英断だったね。安楽なときに逝くからこそ安楽死なんだから」

しゃもんが死んで1年が過ぎた。しゃもんが幸せだったかどうか、それはわからない。

けれど私は幸せだった。それでいいのだと思う。しゃもんは私に様々なことを教えてくれた。お金で買えない豊かなもの。自然の恵みと摂理。感謝と悦びの心。無償の愛。しゃもんが私の中に蒔いてくれたたくさんの感動の種を涙で枯らしてなるもんか、と思う。これからの私の人生で、一粒残さず花咲かせたい。

私自身がしゃもんの死を糧に成長していくこと。それこそが、しゃもんと私が出会った意味であり、しゃもんの幸せを証明することになると思うからだ。

『7歳からの犬の本』昭文社刊

この文章は、しゃもんが死んで1年後に書いたものだ。まだ心理学なども学んでなく、カウンセリングもしてなくて、もちろん僧侶になるなんて夢にも思っていなかった頃。この文章を書いてからさらに11年がたつ。

今思うと、この頃からすでに「しゃもんが私と出会った理由が知りたい」「何とかしゃもんの生を死後も生かし続けたい」という気持ちが強かったように思う。

天からいただいたしゃもんを天にお返しはした。しかし、そこで終わりになると思えなかった。

生物の種を超えてこんなに強く引き合った魂同士が、人生にたったひとときの交流を持つだけで、関係性が終わりになるとはとても思えなかった。

もともと私は植村直己さんの犬ぞりに憧れて、シベリアンハスキーが欲しかった。自分の犬とアラスカの犬ぞりレースに挑戦してみたかったのだ。しかし、体が弱かったしゃもんが日本に留まったことには大きな意味があったんだなぁ、と今は思う。

しゃもんの前にいた、ブルドックとパグが相次いで亡くなった。

私は両親と3人暮らしだったが、犬を一番かわいがってくれたのは動物嫌いの母だった。両親は「もう犬を飼うのは嫌だ」と言っていた。

「初めて犬を飼ったから犬のことは何もわからず、ブルドックのサンダーには本当にかわいそうな飼い方をしてしまった。死ぬときが辛いから、もう犬は嫌だ」と。

母はいまだにサンダーの話をするときに「かわいそうだった。申し訳ない飼い方をした」と涙を浮かべる。しかし「しゃもんについては、死んで悲しいとか思わない。こんなにやるだけやった犬はいないから、なんの思いも残らない」と母らしい潔い言葉である。

ブルドック亡き後、両親は犬を飼うのに大反対。

26歳の私は当時収入も不安定、車の免許もない、貯金もない、結婚の予定もない。ないないづくしだったのだが、ハスキーのブリーダーからの数々の質問にこう答えた。

「両親は早く早くと犬を待っている。私は貯金も収入もたっぷりあるので、犬が病気になっても十分にお金をかけられる。車も免許もあるので緊急時にも対応できるし、犬をあちこちに遊びに連れて行ける。結婚の予定もあるから、万が一私に何かあっても大丈夫」

閻魔さまも真っ青な大うそのオンパレード。

こうして私はハスキーの子犬を手に入れた。今、反対に里親に出す側になって考えると、恐ろしいことである。

のちに親しくなったブリーダーが「あの時うそとわかっていたら、もちろん犬は渡さなかった。塩田さんはまったく犬を飼える環境じゃなかったから。ただ、あなたが子犬たちのケージをひょいっとのぞいたときに、寝ていた5匹の子犬の中でしゃもんだけが、ふっと起き上がって、あなたに駆け寄って行ったから……。しゃもんがあなたを選び、あなたがしゃもんを選んだから。仕方ないね」と笑っていた。

心の広い理解あるブリーダーである。これが愛さんなら激昂《げきこう》もんだ（笑い）。

しゃもんのために免許も取得して、見よう見まねでキャンプも始めた。インドア派の私がしゃもんと山岳生活を始めた。プライベートも仕事もいつも、いつでも私たちは一緒だった。

私に何かあっても、1年はしゃもんが不自由なく生活できるよう貯金もした。

しかし、私が死ぬようなことがあったらしゃもんの里親探しはせずに、一緒に連れて行こうと思っていた。それほど離したくない、と私はしゃもんの命に執着していた。しゃもんの命に、存在そのものに執着し続け、またその執着に苦しんだ12年半だった。

私はしゃもんと出会った意味を探し続けていた。

20代から30代の女ざかりの時期に、全ての収入も時間も、労力も愛情も、執着も、私の全てを注ぎ込んだこの犬と、なぜ私は出会ったのか？

しゃもんのブリーダーの言葉を思い出した。

「しゃもんがあなたを選び、あなたがしゃもんを選んだから」

しゃもんが「私に託した何か」があるような気がして、なんとしてもその「何か」を知りたかった。

それから、私は身体の生命化学を勉強し、心理を勉強し、自然の法則・森羅万象を陰陽五行算命学から学んだ。

そして、ふと考える。

しゃもんが私を選んだ理由。そして、私の業《ごう》の深い執着。しゃもんの長い長い闘病、山から学んだ死生観、そして安楽死。

これら一連の出来事はいったい何を意味しているのか？

これらの遺志は、今後の私の人生にいったい何を望んでいるのか？

私の選択は正しかったのか？　今なら自然に任せただろうか？

安楽死はその人の考えによりさまざまな意味合いを持ち、その側面も多様である。

だからこそ、その定義や倫理が大切になるのだが、人それぞれが違った意見を持つので統一されることはないと思う。

誰の意見が正しい・間違っているではなく、さまざまな状況・環境・考え・立場によって、さまざま選択がある。安楽死に至る経緯の数だけ個々の解答は異なるということだと私は思う。

自分と違う意見は同じにしようと議論するのではなく、全ての人が考え方の違いや個性を発揮できるということが、健全で熟成した社会ではないだろうか。

愛さんの施設の子は痛みが伴わなければ、その生死は自然に任せている。

以前は、死の直前まで治療をしていた（してあげたのではなく、人間がしたかった）のだが、最近は痛みがなく自ら食べなくなるようならそのまま見守ろうという考えに看護する側も気持ちの変化があった。

これは最後苦しんでいなくて自ら食べないのなら、その子の選択にまかせ見送ったほうが安らかに逝けた子が多い、という私個人の経験則から出てきた考えだ。ただこの場合、もう20歳ちかい年寄りが多い。年をとった子は過剰な看護をしなければ、施設ではみな上手に死ぬことが多かった。私たちの生に執着した考え方が変化したのと同時に、最近施設の20歳前後の年寄り猫たちは眠るように穏やかに逝く。


今までたくさんの犬猫を預かり保護してきた施設の子の中には、安楽死という選択をした子が数匹いた。そのような状態の子を看護していると正直、「自力で安らかに逝ってくれないかな……」と切に願う。

そのような「死に関して」の私の気持ちの持ち方、私個人の安楽死の定義、迷い、戸惑い、諦観。そのような死に対してのたくさんの思いと形。それをペットを愛する同胞に発信するために、私にはしゃもんの安楽死という体験が必要だったのだと今は思う。それは正しいとか間違っているではなく、私には必要だったのだと。

そして、そこに至るまでの長い長い長い間、もがき苦しんだしゃもんへの執着。

そして、**その苦しみの先で学んだ「手放すこと」「ゆだねること」**。

私は長年探し続けていた「しゃもんが私を選んだ理由」のひとつをようやく探し当てたのだ。

答えはともに過ごした私たちの日常生活の中にあった。


あなたが決断する愛する子の送り方。

わたしたちの宝物への「最後の選択」。


その子を思い決断したその選択は、たとえどのような選択でも、間違いはない。

間違いではなく、必要だったのだ。

それは、今はわからなくとも、未来のあなたはわかっている。

天に帰ったあの子はわかっている。

それはどんな選択であれ、どんな結果であれ、あなたの人生に「必要なこと」だったのだ。

与えるほどあふれてくる思い。

あなたは知っているはずだ。与えるほどにあふれてくる愛情。愛おしいと思う気持ち。

そんな無私の気持ちを人生で感じることができる人は、幸せだと思う。

「愛って何?」「愛がわからない」そんな人が多い社会で、私たちはその「愛」をペットと体感したのだから。

私たちは見えない「霊」は信じないが、なぜうちの子への見えない「愛」は確信できるのだろう?

形として存在しない「あの世」は信じないのに、なぜ形として存在しないこの子との「絆」を感じることができるのだろう?

それは私たちが魂のどこかで、**愛の絆は死をもって切れることはない**――、ということを知っているからのような気がしてならない。

この子はどうしたいのか？

「この子はうちに来て幸せだったのか？」
「この手術はしたほうがいいのか、しないほうがいいのか？」
「もう長くないかもしれない。入院させるべきか、自宅に連れて帰ったほうがいいのか？」

私たち飼い主はペットとの暮らしの中でこのようなことを考え、さまざまな選択に迷うときがある。特にペットとの別れが近づくその時期に……。

もう亡くなってしまったときよりも闘病している最中のほうが選択に迷い、決断に苦しむ場合が多いように思う。

特に「手術をするか、しないか？」「うちに連れて帰るか、病院に預けるか？」このような場合は多くの飼い主が「うちの子はどっちがいいのだろう？」「うちの子にいいほうを選びたい」「うちの子は何と言っているのか？」このようなことを思う。

「どっちがいいのでしょうか？」「うちの子はどっちがいいと言っていますか？」

カウンセリングの現場でこのような問いかけも少なくない。

「すみません、私わかりません」というより「この子もわからない」のです。

うちに連れて帰るか、病院に置くかという疑問。ペットにしたらうちに帰りたいに決まっている。なぜなら病院の概念がわからないから。

私たち人間は病院や医師が何をするところかを理解している。だから、小さな子供であっても泣きながらでも歯医者に行く。

しかし、ペットには病院＝治療、獣医師＝治してくれる人、という認識はないのだ。

また、うちの子はうちに来て幸せだったのかな？という疑問も、ペットには答えようがないと思う。私たちと違ってペットは比較対象ができないから。

ペットには「もっと幸せなパターン」も「もっと不幸なパターン」もわからないのだ。

冷静に考えると当たり前のことなのだが、ペットはどっちがいいかを選べない。その選択の概念、物事のつながり、比較対象がわからないのだ。

なぜか？　**ペットは「今」を生きる生き物だから、**だと私は思う。

ペットや動物には「明日」や「昨日」、「過去」や「未来」という時間の概念がない。ということは物事のつながりや出来事の流れもなく、ただ「今」を「この瞬間」を生きているのではないだろうか。とくにペットの場合は野生動物と違い、与えられた環境の中で粛々と生きている。**私たち人間のように常に「人生は選択の連続」なのではなく、ペットの人生は「今の環境を受け止めて生きる」こと**だと私は思う。

例えば犬の目の前に鶏肉と牛肉を置き、「どっちがいい？」と選ばせれば、好きなほうを選ぶかもしれない。しかし、大型犬の場合は近くにあるほうから食べることも多い、両方とも食べるために。

このようにペットの選択肢は私たち人間と意味合いが異なる。

今、どちらを食べたいかは選ぶことができても、夕食にどちらを食べたいかを選ぶことはできない。

飼い主さんも「お水飲みたいの？」「お散歩行きたいの？」と「今」何をしてほしいのという問いかけはしても、お昼に「今日の夕食は鳥肉と牛肉どっちがいい？」とペットに聞く人はいない。

なぜか？　**「ペットは未来の選択を答えられない」ことを私たちは知っている**からだ。

夕食に何が食べたいかも答えられないペットに、手術をどうするか？　最後をどこで過ごしたいか？　が答えられるはずがない。

「この手術（治療）をする、しない。うちの子はどっちがいいと思っているのか？」という私たちに付きまとう疑問。

お気づきだろうか？　そこだけ**「極端な擬人化」**になっていることを。

ペットは物事の選択ができない。ペットは未来を予測できない。なのに、私たちはときとして「この手術、この子はしたいのかな？」「この子はどうしたいのかな？」そこだけ、極端な擬人化になっていることに気づかない。

では、誰が決断するのか？

あなたである。

飼い主であるあなたが決断するのだ。

ペットの状況を観察し、その子の今までのライフスタイルや性格を吟味し、獣医師の見解を求め、家人と相談し、自分の環境を考慮し、そしてあなたがこの子に対するさまざまな選択をするのだ。

あなたの選択でいい。あなたの選択でいいのだ。だってあなたのペットなのだから。あなたの宝物なのだから。

あなたが出した決断に正誤はない。

あなたが出したその決断は「正しい」「間違っていた」とかではなく、そのときの自分は精一杯考えて悩んで苦しんで、泣きながら選んだ決断なのだ。

しかし、私たちの心が正誤を決めたがる。

私たち人間は自分が選択した結果が自分の思うような結果にならなかった場合、「自分が選ばなかったほうが正しかったのではないか」と後悔しがちだ。

だが、仮に自分が選ばなかったほうを選んでいたとしたら、もっと悪い結果になっていたのかもしれない。なのに、私たちは選択の結果が思うようにいかなかった場合「あのとき、手術をしなければよかった。あのとき連れて帰ればよかった」と選択しなかったほうがさも正しかったと後悔しがちだ。

私も、しゃもんの二度目の手術はしなければ良かったと長い間、ずいぶんと後悔した。二度目の手術は開腹しただけで何もできず、すぐに閉じただけだったから。

はじめの肝臓癌摘出の手術と違って二度目の手術は回復が悪く、我慢強いしゃもんが悲鳴を上げる場面もあった。

そのときの私は散々自分を責めた。「しなければよかった。二度目の手術はしなければよかった。手術をしなければこんなに苦しまなかったのに」と。

しかし、その考えは正しくない。

まず、手術をしなければ癌の進行状況がわからず、その後の治療方法や最後の決断がさらに難しかったと思うのだ。

身体の状況がよくわからないままの闘病は最後のときに、しゃもんをさらに苦しませたという可能性も否定できない。

何もできなかったが二度目の開腹手術をしたからこそ、しゃもんの最後の選択に私は迷わなかった。

今のあなたにとって大切なうちの子にとって、あなたが決断したその選択が正しいかどうかは、私にはわからない。

この子を通してのさまざまな決断はあなたが決めることだ。その子自身は決められない。決めることができないのだから。

その子を送ったあと、その子から学んださまざまなことを自分の人生に生かしてもいい。その子の命のバトンを今、悩んでいる同胞に「私はこうだった」と伝えることで渡してもいい。反対に、うずくまりその子の命のバトンを涙とともに一人で抱え込み生かさなくてもいい。どっちでもいいのだ。あなたの人生なのだから。

たとえどんな決断でも、失敗だ！　と思った苦しい結果でも、同胞が迷ったときにその失敗談が同胞の選択の助けになるならば、そのためにあなたの「その経験と決断」はあったのではないか？

「自分のときはこうだった。こういうことに葛藤して迷いこんな決断をした。こんな後悔があった」

押し付けにならないように、同胞に伝えられたらいいと思う。

「その結果どうするのか？」その部分は当人が決断することなので、あなたは体験談と自分はこうだった、と自分の気持ちを伝えるだけで十分だと私は思う。

自分の体験を話した上で、「だから、こうしたほうがいい」と相手がする決断をあなたがしてはいけない。最後の答えは当人が出すものだ。

Kさん夫妻が末期の肺癌である愛犬の呼吸が苦しそうなのを見かねて、ペットの声を聴くことができるというある人を訪ねた。その人に、「この子はうちに居たいといっている。このままうちで静かに送ってあげて」と言われ、その通り家で看病していたらある深夜、犬が大量の吐血をして、七転八倒し苦しそうな咆哮をあげながら、救急病院に着くまで長い時間、Kさんの奥さんの腕の中で苦しんで亡くなったという。

Kさん夫妻は愛犬に長い間、苦しみを与えてしまったと、愛犬を送って3年たった今でもその光景のフラッシュバックに苦しんでいる。

人の人生の大事な局面での決断を他人がとって替わってはいけない。

人の人生の大きな決断を他者が「こうしたほうがいい」という決め付けたアドバイスや「こうしてあげて」という、さもペットの言葉を代弁するかのような伝え方をすると、その結果が思うようにいかなかった場合、強い後悔と遺恨が残る。

最終的に「家で看取る」という選択したのはKさんだが、心が弱っているときに藁にもすがりたいそのときに、人は人生の選択を他者に託すことがある。

その心理の根底には「正しい選択をしたい」「ベストな選択をしたい」「後悔しない選択をしたい」このような「選択の正しさ」を求めるからだと私は思う。

しかし果たして、私たちは「正しいベストな選択」ができるのだろうか？

愛しても愛し足りないペットを天に送ったあと、「1点の後悔もない」と言い切れる人がいるのだろうか？

私たちは神さまではない。

私たち人間は不完全なものだ。ゆえに「正しいベストな選択」や「後悔しない介護」を追い求めると苦しくなると私は思う。

私たちは完璧ではない。だからこそ、その子でできなかったこと、その子の看護で足りなかったと思うことや間違ったと思う選択は、次の子や他の人生の場面で生かしていく。

世間ではその「うまくいかなかった経験」を「失敗」と呼ぶが、私は人の人生に失敗はないと思っている。失敗ではなく、うまくいかなかった経験。生きていればそんな場面には山ほどある。しかし、私たちはその「うまくいかなかった経験」を通して成長する。うまくいかなかったことから反省し、どうしたらよかったかを学ぶのだ。そうして、次はどうしたらいいかを学び、進歩していく。それが人生が円熟するということではないだろうか？

ペットの看護・介護、別れのシーンは私たちにそのような重要な局面での、学び方を教えてくれる。

どんなに愛していても自分の腕をすり抜けて天に帰る魂を涙で送りながら、私たちは人生を学ぶ。生前、元気だったペットからは人生の輝きを学ぶ。健康な子との楽しみ方はたくさんある。それは「プラスの生の楽しさ」だ。

こんなに愛おしい存在があったのか、こんなに何かを愛することができるなんて、ペットを介してさまざまな人と出会い、つながりを育み、人生の楽しさや喜び、そんな至福の人生を生前のペットから私たちは学ぶ。

反対にペットを天に送るときは、人生の引きの部分と深みを学ぶ。それは深い深い人生の苦しい深淵である。治療や介護を通して、思い通りにならないという経験から、物事は思い通りにするものではなく、受け止めることなのを学ぶ。

この子のお陰でたくさんの友人ができたこと、家族の協力があったこと、いろいろな勉強ができたこと、感謝の気持ちを思い出す。

また、弱っていくペットを見つめながら、人生の刹那さ諦観、悟りと呼ばれるものに私たちはふれる。そういう人生の深淵の中で人は共感や優しさを身につけていく。

なぜ、私たちは苦しみの中から、そのようなことを身につける必要があるのだろうか？

それは他者のためである、と私は思う。

自分が通った、辛く悲しく苦しいうちの子との別れの道を、今まさに通ろうとしている同胞のために。

「わかる。わかる。私も苦しかった……」

「辛いよね。苦しいよね。私もそうだった」と一緒に泣けるために。

あなたがペットとの別れで苦しんでいるときに、誰かがあなたの背をさすり、一緒に泣いてくれたように。

今度はあなたが今泣いている同胞の背をさすり、一緒に泣いてあげられるように。

そのために、ペットと別れるあなたの苦しみがある、と私は思う。

あなたの苦しみはあなたのためにあるのではなく、同じようにペットを愛する同胞のためにあるのではないか？　と私は思うのだ。私たちがペットを亡くした時に、たくさんの人がしてくれたことを、今度はあなたが同胞にするために。

だから、ペットを愛する私たちの人生には、喜びと輝き、苦しさと刹那さ、両方が必要なのではないだろうか？

そうして私たちの世界はつながっていく。

未来への手紙

私のしゃもんは生まれつき、肝臓に奇形を持った犬だった。

肝臓に奇形があったがために、すい臓のすい管がヘンテコに引っ張られ消化酵素を出す、すい液の異常。その結果は生涯を通しての慢性の下痢。

生涯、病院や投薬と縁が切れないままだった。

子犬時代〜成長期の下痢は身体に大きなダメージを負わせる。その成長できない蚊トンボのようなガリガリの体形は私を悩ませ続けた。

大いに食欲はあるのだが、下痢がひどくなるから彼には食べられないものがたくさんあった。

特に大好物の乳製品は、少しあげるとてきめんに下痢が悪化。


子犬の頃から激しい下痢にアトピーのような皮膚炎を始め、さまざまな病気を繰り返す厳しい人生を送った犬だった。

かかった医療費も莫大だったが、それ以上に12年半の通院と長年の日々の看護は私の心や身体を痛めつけた。

しゃもんの晩年、私が「ブラックジャック」と呼んでいた名医とめぐり合い、彼の体調はなんとか安定する日が多くなった。そのB・Jが「あなたが飼い主じゃなければ、この子は1歳にならないで死ねたのにね」と言われた。

それは高度医療を受け、献身的な看護で12歳半という年月を生きたが、その間いかに彼が痛みと苦しみに耐えた年月だったのかが伺い知れた。

この名医のひと言は私に「長く生きればいいって訳ではない」ということを考え始めるきっかけとなった。

死とはなんなのだ？

生とはなんなのだ？

私たちはなんのために出会い、引き合い、別れなければならないのか？

そのような「生と死」をテーマにした死生観は、私たちが「死は忌むもの」「縁起ではないもの」と考える社会においてあまり語られることはない。

死は誰にでも必ずやってくるものなのに。

死を感じる間際まで、語られない死。

なぜ語られないのか？　タブーだから。

なぜタブーなのか？　語られないから。

このような堂々巡りにさせる根底には「死は棚上げ、そのときになったら考える。今は考えたくない」そんな心理が潜んでいそうだ。

特に健康な家族、ほとんど病気をしないペットと暮らしている人は、日常で「死」が近しくないのであろう。

しゃもんや家人の病気、私の人生の隣にはいつも「死」が潜んでいた。どうしたらその「死」と折り合いをつけていけるか？　その模索を始めたことが、私が僧侶になったベースになっているように感じる。


しゃもんの晩年の介護はかなりきつかった。精神的にはもちろん、肉体的に金銭的に現実的にきつかった。

私はまだ生理栄養学の勉強も心理学の勉強もしていなかったので、昼夜眠れず、不安とストレスと暴飲暴食の中で、根性だけで乗り切ろうとする看護・介護生活だった。

しゃもんの病状が進むにつれ、ライターやプロデュースの仕事も断らざるを得なくなっていったのも辛かった。

ただ、家で寿命のない老犬と過ごす日々。しかも、しゃもんの症状はかなりの痛みや苦しみを伴っているのである。

24時間、そんなしゃもんを見ている生活。しゃもんが最後の数ヶ月、1～2時間おきに外に排泄や嘔吐に出たがる。彼は滅多に粗相をしない犬だった。どんなひどい下痢でも吐くときでも、我慢して家の外に出たがった。

家を汚さずありがたい反面、深夜でも明け方でも寝入りばなでも、土砂降りでも大雪でも、私も一緒に飛び出て行かなければならない羽目になる。

最後の３ヶ月は、家に入る→座る→飛び出る。家に入る→座る→飛び出る。その繰り返しの日々だったように思う。

私の食事といえば、コンビニの菓子パンやおにぎり、お菓子などの工場加工品。ブラックの珈琲。ほとんど寝ない。苦しむ愛犬をじーっと見ている一日。

今思えばこんな生活していたら当然のことだが、うつ状態になった。

頭痛、耳鳴り、心臓や背中の激痛、肩がこり過ぎて首が動かなくなる。顔面の痙攣。肥満、肌荒れ、便秘、体のツリ、関節の痛みという身体的症状。

イライラ、不安、爆発、怒り、悲しみ。自分の悪感情はエスカレートし、次第にコントロールを失い暴走していく。支えになってくれている家人に対して「もっとしゃもんのことを考えろ」と食ってかかる。

自分がどうしようもない人間になっていくのを止められない。

このような精神状態で、しゃもんの終末期の治療や介護に対しても、いい選択ができないどころか、「考える」ということさえできなくなっていた。


ある日、ふっと思った。

だめだ……、と。

このままでは、ダメになる。

私も家人との関係も、なによりこんな状況の中でしゃもんを死なせるのか?

この誇り高い犬をこんなひどい状況の中で死なすのか?

彼がこの苦しい人生を生き抜いた結末が、この自分しか見えない飼い主か?

何よりしゃもんが死んだ後、私が後悔すると思った。

しゃもんの最後に関して、まともな決断ができなくなっているのだ。

このままでは長く苦しかった看護生活が、しゃもんの死後、今度は後悔と罪悪感の日々にバトンタッチするのではないかと思った。

しゃもんの「死」はすぐそこまで来ていた。

しゃもんの最後に関してブラック・ジャックと信頼する主治医の見解を聞いた。

「すごく苦しむ可能性は否定できない」

今まで、しゃもんのどんな痛みも苦しみも和らげてくれた名医の言葉。

どうしよう……。

しゃもんが七転八倒し始めたらどうしよう……。

どうしよう……。

しゃもんが苦しみにのたうち回り、叫び始めたらどうしよう……。

私が楽にしてあげられるか？

でも、獣医でない私はそんなときにしゃもんを楽にできる術を持たない。

〈安楽死〉

もういいではないか。子犬の頃から痛みと苦しみに耐えてきた犬だ。
もうこれ以上いいではないか。なにも最後の最後まで苦しまなくとも。
私が彼にしてあげられる最後の手段。
しゃもんの安楽死を考え始めた頃、私は未来の自分に一通の手紙を書いた。
それはこんな内容だった。

「未来の私へ」

しゃもんを送ってどのくらいたちましたか？
しゃもんがいない生活は慣れましたか？
私はまだ泣いていますか？
しゃもんの最後はどんなふうでしたか？

今、私のそばにはまだ、しゃもんがいます。

でも、もうあなたのそばにはいないんだよね。

しゃもんの最後はどんなふうでしたか？

私はまだ知らないけれど、あなたは知っているんだよね。

しゃもんがどんなふうに死んだのか。


長年の介護お疲れさまでした。身体的にも精神的にもきつかったけど、きっと人生で一番輝いた12年半だったよね。

楽しかったね。幸せだったね。しゃもんで良かった。天からすばらしい宝物をいただいたね。


もう身体の疲れはとれましたか？

医者には行きましたか？　いろいろ壊れましたね。私の身体うまく動かないよ。

ぜんぜん寝られないし、不規則不摂生、暴飲暴食で、ずっと割れるように頭が痛い。心臓と背中に激痛が走り、よくうずくまってしまいます。

頭が痛くてぼーっとする。


私はしゃもんの安楽死を決めました。

安楽死はしゃもんにしてあげられる最後の手段だと思っていました。

……違うね。

しゃもんのためではなく、私は私のためにしゃもんの安楽死を決めました。

未来の私は安楽死を後悔していますか？

安楽死をさせた私を責めますか？

罪悪感に苦しんでいますか？


未来のあなたはきっと死んだように眠って、ご飯もちゃんと食べだして、身体が徐々に回復して、いろんなことを考える力も戻ってきたのではないですか？

未来のあなたは回復した身体と心で、今の私を責めるかもしれない。

けど……、今の私はずーっと、もう何ヶ月もほとんど寝てなくて、頭が割れるように痛くて、心臓も痛くて、怖いです。

しゃもんが死ぬ前に私が突然死するんじゃないかと思うほど、体中が痛くて怖いです。

未来のあなたは未来の出来事がわかっているから、このときにこうしたら良かったとか、あのときはこうしたら良かった、と私を責めるかもしれません。

けれど過去の私には、今決断した結果がどうなるかわからない。

あなたが知っている結果を私は知らないのです。

あなたは結果を知っているから、もっとこうすれば、ああすればと思うでしょう。私が選んだ選択より、私が選ばなかった選択のほうが良かったと思うかもしれません。

でも、でも私にはわからないのです。

私の身体と心は今、ボロボロで最低の状態で、まともに考えることができません。あげくに力になってくれている家族にあたる毎日。そんな自分にうんざりもしています。その中でのしゃもんの最後の選択。それは私しか決められないことです。

私の犬だから。私の宝ものだから。私が命がけで守ってきたから。


私はしゃもんのためだけでなく、自分のために安楽死を選択します。

私がしゃもんより先に死なないように。

しゃもんの最後の悶絶をみて、私の心が壊れてしまわないように。

この選択が正しいかどうかは、今の私にはわからない。

ただ、これが今の精一杯の選択です。

だから、未来の私。過去の私の選択を裁かないで。

それは正しい・間違っているではなく、精一杯の選択だったのだから。

未来の私、どうか過去の私を責めないで。


未来のあなたが、しゃもんが安楽死だった意味を解明していることを信じて。

未来にしゃもんとまた、新たな関係性が始まっていることに希望を託して。

過去の私より

……とこのような手紙だ。

この手紙を読み直したのは、しゃもんが死んで3ヶ月くらいたったときだった。

読み返して「ああ、私、辛そうだなぁ……。かわいそうだなぁ。追い詰められてるなぁ……」

そんなことを思った。

こんなことを書かれたら寿命を生ききったしゃもんがどうのではなく、さすがに「この人（私）かわいそう」（笑）。

これじゃ、未来の私は過去の私を責められない。さすがにそこまで、我を失うわけではないから。

その上、さりげなくこの手紙を読んでいる未来の私に課題を投げかけている。

未来のあなたが、しゃもんが安楽死だった意味を解明していることを信じて。

未来にしゃもんとまた、新たな関係性が始まっていることに希望を託して。

ｂｙ　過去の私

うう〜〜ん。

「責めないでね。それよりこの課題できてるの？」

うう……、やり方がうまい、というか姑息……。

まぁ、でもこのような手紙を読むと、きちんと「現実を思い出せる」ようになると思う。

このときはこれで精一杯だったんだなぁ……、と。

罪悪感の波に呑《の》まれると、現実を無視して（実際にできたこと、できなかったこと。完璧な選択はないなど）自分だけの理想論の堂々巡りになりがちだ。

ペットを亡くした人はペットだけに視野が集中し、自分の状況を見失うことがある。自分や家人が働いているからペットのご飯を買えて、ペットの命を守っていける。家族の協力があってこそペットが安全に飼える。私たち飼い主だって一生懸命生きているのだ。

そんな一生懸命生きている当時の自分を責めてはいけない。私たちはスーパーマンではないのだから。

確かにペットに対して償いたいこと、もっとやってあげたかったこと、そんなことはたくさんある。

生前どんなにペットに尽くしても尽くしても、尽くしきることはない。

どこまでやっても、「あれもやってあげたかった。あのときはこうすればよかった。あれはやらなければよかった」と後悔することはたくさんある。

なぜか？

愛していたから。

宝物だったから。

もっと、もっと、もっと……、と思うのだ。

愛とはどこまでもどこまでも、赦《ゆる》し、与え、尽くし、いとおしむ。「愛とは行き止まりがない」ものだから。

私たちはもっともっと愛したかったのだから。

そして、私たちは不完全であるからこそ、やってあげたかったことが残るからこそ、次のペットに、他の子にそのことを託すのではないか?

「今度はこうしよう」「今度こそ……」

私たちの罪悪感・後悔・償いの気持ちは、私たちの進化・向上のためにあるのだと私は思う。

罪悪感・後悔・償いの気持ちを持つからこそ、私は今、施設の恵まれない犬猫やホームレスさんに奉仕ができるのだと思う。

罪悪感・後悔・償いの気持ち・ごめんなさいの心は、愛情の種ではないのかなぁ……。

その気持ちに、だからどうする・だからこうする、という「行動・実践」という水を与えると、その育った種は「奉仕・進化向上・博愛・ありがとう」の花になる。

そして、「共感・つながり・パワー」という実が実る……。

「奉仕・進化向上・博愛・ありがとう」の花は、他者に贈ることもできるし、「共感・つながり・パワー」という実にしてから、贈ることもできる。

私たちは皆、そんな花と実の「種」をペットから受け取る。

このペットから託された「種」は、「行動・実践という水で育つ」が、「涙で枯れる」のがミソ。

うまくできてるなぁ。


皆さんはどんな花を咲かせましたか？

実をつけることはできましたか？

その実は甘露ですか？　ほろ苦いですか？　甘酸っぱいですか？


私の実は今はまだまだ硬くて青臭くて熟しませんが、いつかパワフルな色に熟して、甘露な実に育てたいと思っています。

そんな実をたくさんの同胞に差し上げたいと思っています。

私自身、愛おしい子の別れに涙しているときに、さまざまな分野の方からそんな「知恵の実」

をいただいたので。

私はしゃもんを通して、彼の死後もこうして彼から託された種を発信するときにいつも思う。

「しゃもんがくれた種を育てたよ。花を咲かせたよ。実ができたよ。まだ硬くて青いけど……、でもね。しゃもん、あなたがくれた種は花になり実になり、多くの同胞に届けているよ。ほら、あそこにも。ここにも、あなたがいるよ。あなたが生きてきた軌跡があるよ。ありがとう」


あなたもその子から託された種を育ててほしいと願う。

涙で枯らさないでほしいと願う。

花を咲かせ、実を実らせてほしいと願う。


その一歩として「未来の自分に手紙」を書いてみてはいかがだろうか？

未来の自分に弱音を吐き出してみてはどうだろうか？

今の不安を、別れの恐怖を、未来の自分に伝えてみてはいかがだろうか？

恥ずかしくなんかない。自分しか見ないのだから。

その手紙を読んだ未来の自分は、過去のあなたの罪悪感・後悔・償いをしっかりと受け取って、きっとその種を育ててくれるから。

第5章

この子が私を選んだ理由

かわいそうな子がいる訳

子猫が虐待され殺される姿をインターネットに載せた事件、原発事故で取り残されて死んでいった動物たち。薬品をかけられたり毒をもられる事件。動物たちへの虐待や不幸はそんな事件性があるものばかりではない。

短いリードで外につながれ散歩にも行けない犬。家という密室で叩かれる猫。保健所に連れて行かれ殺される子。ゴミのように捨てられる子。私たちの日常生活の中にも、そんな飼育放棄や虐待はたくさんある。

ペットを愛する人ならば、そんな胸が潰れるような場面を見たことが一度ならずあるのではないだろうか？

そんな場面に遭遇したときにはやり場のない怒りを感じ、苦しんでいる子または苦しみながら死んでしまった子に対して、深い憐れみとともに号泣したことはなかったか？

「なぜ、こんなことが起こるのか？　なぜ、こんなことが許されるのか？」

そう神に問うたことはないだろうか。

私は以前、瞑想していて神仏に次のような問いを投げかけたことがある。

「なぜ、こんな惨いことが動物たちに起こるのですか？　なぜ神仏はそんな状況を許しているのでしょうか？」

いただいた答えは次のようだった。

「戦争を始めたり家畜や原発を作ったのは人間です。虐待したり捨てているのも人間です。自分たちがやったことの後始末だけ神仏に求めるのですか？　手柄は人間のもので、そうでないことは神仏のせいですか？」

私はこの妙答を聞いたときに、ハッとした。

そうなのだ。神仏と呼ばれる存在が人間がやったことに対してバチを当ててくれたり、大岡裁きのにように解決してくれる。確かにそれは虫のいい話だと。

心理学の分野で人がやる心理ゲームに「あなたのせいでこうなった」というものがある。文字通り「うまくいかなかったことは、自分以外の何者かのせいにする」という心理だ。

「自分が悪いんじゃない」「自分はできないのだから、仕方ない」そういいつつ、「あなたがこうだから」「あなただって……」云々と、主語を「あなた」に変えて誰かのせいにする。

そのようなことをしていても、問題は解決しない。誰かのせいにしても、相手が「そうね。あなたは何も悪くないから、私が解決するわ」と言ってくれる人はそういない。「私のせいじゃない。あなたが悪い」そういわれたら、たいていは反論されるのがおちである。


神と呼ばれる存在はよく、人間のこんな心理ゲームに利用されると思う。

「神さま、なんでこんなひどいことを許すのですか?」「神なんかいない!」と。

神さまのせいなんかじゃない。それを起こしたのは誰か人間なのだから。

神さまのせいにしておけば、「だから私はできなくて仕方がない」という免罪符にはなるのだろうけど。そんなことを私はぐるぐると考えていた。

またこんな問答にも心を打たれた。


ある男がマザー・テレサに問うた。

「マザー、なぜ、かわいそうな人がいるのでしょう?」

マザーはこう答えた。

「それはあなたが助けないからです」

う〜〜ん。こちらもさすがな名答。私たち一人ひとりがかわいそうな人を助けたら、確かにかわいそうな人はいなくなる。そういう回答だ。

私たちは自分の力を見くびる。「私なんて何もできない」「こんなことくらいしかできない」「こんなことやっても、焼け石に水だけど……」。

そういう人が１００万人集まったら、そういう人が「今、自分のできること」をひとつやったら、１００万個の救いが起きる。いや、このようなことは相乗効果を発揮するので１００万が何倍にもなる。そうしたら世界の中で何かが変わる。

かわいそうな子がいるのは神さまのせいではなく、私たち人間が作り出したものなのだから、私はその一員として、「自分にできること」をやっていきたいと思っている。世界を変えようなんて思っていない。

けど、「世界からかわいそうな動物をなくしたい！」そう思う人が「今、自分でできること」を実行し、そういう行動をする人が1万人集まれば、世界は無理でも東京のどこかの地区ひとつくらいは変わるかもしれない。

実際にひとつの提案から協力の輪が広がり、地域猫との共存や、保健所への持ち込みの減少という成果をあらわしているところもある。

私たちは一人ひとりはそんな可能性を持つ。


自分のやりたいことでいいと思う。今の自分ができることでいいと思う。

マリアMさんが長年えさやりに通っていて、猫の数が少なくなると「私がやりますよ」と言ってくれる人が現れてくれるように、私が手伝っている施設の話をブログで紹介していたら、たくさんの心尽くしの有形無形の応援が届けられたように、思いやりの気持ちや良心もまたものすごい浸透力を持つものだ。

だから、**はじめの小さな小さな自分の力をどうか見くびらないでほしい。**

一滴一滴の水滴が大河になるように、一つひとつの善もまた大きくうねるようになる。まわりを巻き込んで。


たとえ100万匹のかわいそうな子の中から、たった1匹しか救えなくてもいいではないか。

その1匹があなただったらどうだろう？　その1匹があなたの愛する人だったら？　あなたのその愛おしいうちの子だったら？

ものすごい災害が起こって100万人が身動きできずに苦しんでいて、軽症だったあなたの目の前に愛する人が犬が猫が、建物にはさまって苦しんでいたらすぐに諦めますか？「誰か助けてください！」そう叫びますか？

私なら叫ぶ。「誰か！　誰か！　助けてください！　助けて‼」と絶叫する。

そのときに巨人が現れて、はさまれた建物をひょいとどかし、その子を救ってくれたら、あなたは「うちの子だけ助かっても焼け石に水だ……」そう思いますか？

思いませんよね。

想像してみてください。

あなたの愛する人が、愛する子が巨人の手で救われるところを。

たくさんの中でたったひとつだけ助けられた命でも、あなたはどんなに救われることでしょう。

犬や猫にとってまさに私たちは「巨人の手」です。同時に魔法使いの手でもあります。

ご飯もくれる、抱きしめてくれる、散歩に連れてってくれる、暖かく安心できる寝床をくれる、病気を治してくれる。

私たちはみな、そんな「魔法の手」を持っているのです。

だからたった1匹でもいい。たった一人でもいい。今の自分ができることなら、どんなに些細なことでもいい。誰かのために、どうぞあなたのその「魔法の手」を使ってください。

捨てられた子、不幸な子には、どんなに些細なことでも、あなたがやってくれること、全てが魔法なのだから。

「なぜ、かわいそうな子がいるのか?」そのわけを私は長年探していた。残酷に殺されたり、不幸な飼われ方をしている犬猫、ゴミのように捨てられる子。どんな書物にも答えはなく、教えてくれる人にも巡り会えなかった。けれど、その子がそのかわいそうな姿をニュースを通し、新聞を通し、また直接の現場でその姿を私に見せたのには、なにか理由があるはずだ。

その疑問は同時に「なぜ、私はこの子の存在を知ったのか?」そんな疑問になった。

「その子が私を選んだその理由」はなんなのか?

なぜ私はその子の不幸を見たのか?　なぜ私はその子の不幸がこんなにも辛く苦しいと感じるのか?

この数々の疑問はつながりがあるように思えるのだが、パズルのピースが散乱しているかの如くつながらない。

ペットを愛する人は多かれ少なかれ、うちの子以外の子のために何かをやったことがあると思う。

お腹をすかせている野良さんにご飯をあげた。

ブログで犬猫保護や毛皮反対を訴えた。

絶滅の危機に瀕している動物のために寄付をした。

福島にレスキューに入った団体の支援をした。

応援している保護団体のブログを見ている。

あなたはなぜ、そのような行為をしたのであろう?

なぜ、自分と関係ない子のために、何かをやろうと思ったのだろうか?

それは「かわいそうな子」を見たからではないだろうか。

飢えている。殺されていく。捨てられて放浪している。虐待されて苦しんでいる。そんな子を見たから「何かしてあげたい」と思ったのではないだろうか?


もし、もしも、死んでもまだ私たちの世界が続いていくとしたら。もし、あの世というものがあるとしたならば、私たちは死んであの世に逝く。

あの世からこの世界を振り返って、またこの世界の現状を見てこう考えないか?

「う〜〜ん。やっぱり、まだかわいそうな子がたくさんいるなぁ……」

動物たちの環境は、日本のペットにおいては一昔前よりは格段に環境がよくなっていると思う。

しかし、依然として捨てられて殺処分になる子もあとを絶たない。今このときにも飢えて、殴られておびえ、暑さにあえぎ寒さに凍える子もたくさんいる。

天の雲の隙間からその様子を見ているあなたは、どうしたいと思うだろうか？

私ならどうするか？　そう考えたときに、あっ！　と閃《ひらめ》いたことがある。

次の人生は子猫に生まれ変わり、小さな子猫のときに惨殺されたらどうだろうか？　そのむごたらしい様子がニュースになり報道される。そうしたら、それを見て立ち上がる人がいるのではないか？

自分が救済活動をしていくという方法もあるが、その活動をする人だってどこかでそんな悲惨な現場、かわいそうな子を見たからこそ、立ち上がって救済活動を始めたのではなかろうか？

そうなのだ。私たちは「かわいそうな子」を見るからこそ、「助けたい！」「何かやりたい！」「こんなことをなくしたい！」と思い始める。

そんな「かわいそうな子」がいなければ、当然「助けよう！」という人は現れない。あなたもそうではないだろうか？

私たちは、幸せな子を見て「何かしてあげたい」とは思わない。大切にされる子をみて「救わなければ」とは思わない。

私たちはかわいそうな子を見たからこそ「何とかしないと！」「助けたい！」と立ち上がる。そういう子を見るのは自分も耐え難いほど苦しい。

何ができるかわからないけれど、何か救済の力になりたいと強く思う。

生まれ変わって、自分が「惨殺されるかわいそうな子猫」になることで、救済に立ち上がる戦士を、子猫をつかむマリアを誕生させることができるのだ。

それが「かわいそうな子がいる訳」「不幸な出来事が起こる訳」のひとつの存在理由だと私は思う。

この私なりの気づきは衝撃的で、今までの疑問がパズルのピースのようにキレイにはまって、真実が浮かび上がってくる感覚があった。

だから、そのようなかわいそうな子猫たちは、私たちペットを愛する同胞の生まれ変わった姿ではないかと私は思っている。

その子たちは、私たちの同胞。その子もまた戦士なのだと。

だからこそ、私たちはかわいそうな子を見ると理屈や理論ではなく、「何かしたい！」と身体や心が突き動かされるのではないだろうか？

かわいそうな子をなくすためには大雑把に考えると、「自らが保護活動や救済の働きかけをする方法」と「戦士やマリアを誕生させる方法」があると思う。

戦士やマリアの誕生のきっかけは「かわいそうな子との遭遇」である。だったら、来世があるならば、私がその戦士やマリア誕生の役目を担おう。私ならばそう考える。

そう考えるようになってから悲惨な子と遭遇したときに、今までのように「かわいそう、かわいそう」「ひどいひどい」と泣いて苦しかった感情が、「お疲れさま！　頑張った！　あなたの悲惨な姿のことは私が発信して多くの人に訴えるよ。あなたの姿を見て話を聞いて、戦士やマリアが誕生することを祈って。もう頑張らなくていいよ。あなたのバトンは受け取った。あとは私たちが受け継ぐから、これからは幸せになろうね。ありがとう。お疲れさま」

そう言葉をかける。それからはどんな悲惨な子に会っても、悲しいばかりではなく、「ありがとう！　お疲れさま」と明るく前向きにお世話ができるようになった。

この子の遺志を無駄にせず生かしたいと、勇気とやる気のエネルギーをもらう。

たとえ短命であったとしても、事故死であったにしても。

どんな子の存在にも大切なメッセージと意味を感じる。

「過去の過ちを浄化する」の項でのジョリーのように。

苦しく寂しく辛い人生だったがそのジョリーの人生はこうして、Aさんの償いの気持ちを通し、私を通し、多くの同胞である皆さんに発信された。

「過去の過ちは未来からでも浄化できるんだよ」「ごめんなさいじゃなく、ありがとうって言って」そうジョリーは私たちに訴える。

今、あなたの隣にいるその子は天使かもしれないが、ジョリーのようにその悲惨な人生を生きることで同胞に気づきをあたえる。同胞を立ち上がらせる。そんな志を持つ「戦士」もいるのではないか。

今頃、天の雲の隙間から「おっ！　やった♪　きつい人生だったけど、うまくいった！　思惑通りだ」元ジョリー＝同胞はこんなふうに言ってるかもしれない。

まぁ、夢物語と言われればそうなのだが、ジョリーのこの世での人生は終わっているのだし、あの世があるかないかわからない。

だったら、「かわいそうな犬がいたわ」と泣くだけで関係性を終わらせず、ジョリーの人生に意味を持たせ、その遺志を受け継いで「よし、ジョリーへの供養を他の子に生かすぞ！」そう意気揚々にジョリーの人生を生かしてあげたいと私は思う。

起こった出来事（事象）は変わらないのだから。

でもそのようにジョリーなりの目的ある生き方だったと考えれば、ジョリーの人生はただ不幸ではなく彼の思惑通り、戦士やマリアを誕生させる目的が遂行できた輝かしい人生に変化する。

そう考えると人生はたくさんの驚きにあふれた、楽しい行程になる。

私たちの人生は起こった出来事（事象）ではなく、その人の考え方（認知）でできている。

だからどんな悲惨な人生の子でも「生まれてくる意味と価値」があると私は思う。たとえそれは鳥インフルエンザで殺処分された何万羽の1羽だとしても。たくさんの死のひとつだとしても、命をそんなふうに生み出し殺処分する不自然さを、蛮行を私たちに訴える。そんな役目があるのではないか。

それが「かわいそうな子がいる訳」だと私は思う。

これはあくまで私の私観である。けれど、そう考えると不幸に死んでいった子たちの人生にも意味ができる。

その死に何かを感じて「不幸な子のために何かを始めた」人が増えたら、その悲惨な人生での目的を果たしたことになる。だったらその人生も祝福される人生だ。

どんな人生にも意味がある。存在する意味と価値があるから生を受ける。

凄惨な死や虐待、捨てられる子、そんな子を見つけた側には、そこにすでに「ご縁」と「見つけた意味」が生まれる。

それが、かわいそうな子の存在意味であり、また私たちも問われているのだと思う。

「で……、どうするの？」と。

お父さんの日

今年は捨て子猫があまり来なくて助かったね、と話していた（とはいえ、12匹はきたのだが……）3年ほど前の秋、1匹の子猫が施設近くの公園で捨てられていた。

茶トラのオスで、もう離乳くらいの時期だった。秋とはいえ寄り添って暖をとる兄弟もなく、こんな小さな子猫1匹には寒い時期。季節はずれの子猫はありがたいことに健康状態は悪くなく、風邪もひいていないようだった。ミルクの飲みもいいし活発に動き回る。

ペットボトルにお湯を入れ、タオルで包んだ湯たんぽを2本作り、その間に茶トラを入れる。茶トラは湯たんぽが気に入ったようで、しばらくは上に乗ったり降りたりと一人遊んでいたが、そのうち湯たんぽに抱きつくようにして眠ってしまった。

翌日、施設に行くと湯たんぽケージの中の子猫が2匹になっている。

「ん⁉」

「また、同じところに捨てられてた」背後から愛さんの声。

「はぁ……」思わずため息。

ほとんどが白で少しキジの斑点が入っている女の子。美猫だ。この子はやせてはいるが、風邪とかひいてなさそうだし、まぁ、仕方ない。

子猫たちはすぐに意気投合したようで、一緒に遊び始めた。

この時期の子猫は兄弟がいたほうがいい。同じ月齢みたいだし、兄弟なのかなぁ？

野良猫は同じ腹の兄弟でも父親が違うことがあり、そうすると兄弟とはいえ似てないので、兄弟か他人かの区別ができない。

しばらく遊んでいた2匹は、2本の湯たんぽの真ん中にぎゅ～っと寄り添って寝てしまった。

ホットドッグみたい……。

翌日、早めに施設に行くとなんと子猫が3匹‼　になっていた。

「はぁ～～～⁉」あごがはずれるほど驚いた。

まだ仕事中の愛さんから連絡が来て「今朝、また同じところに捨てられていたんだよ。はぁ……」ため息混じりの愛さんの声も暗い。

私もただ「はぁ……」の返事しかでない。

今度は漆黒でしっぽの長い女の子。やせているがなんとかミルクは飲んでくれる。

月齢はまたもや前の子と同じ。

どういうことなのか？　まぁ、考えてもわからないのだが、このまま毎日増えていったらどうしよう……。

愛さんは日中は会社だから世話ができるのは私しかいない。私もその月はカウンセリングのご予約もたくさんいただいていて、執筆中の原稿もあった。その上、飛騨の寺や高野山に行く予定にもなっていた。

「う〜〜む」思わず腕を組んで考える。考えてもどうにも状況は変わらんのだが……。

子猫たちが3匹になったので、ケージから広い小屋に移した。

ダンボールの中にペットボトルの湯たんぽを2本入れると、3匹は寄り添ってその中で眠る。

やっぱりかわいい。

大人の猫のように鋭い牙も爪も俊敏さも持たない子猫にとったら、この「かわいさ」が唯一の武器。守ってもらうために、生きていくために。

きっと、世の中には私のように、まんまとこの「子猫ビーム」にやられる人がたくさんいる。本書を読んでくださっている方の多くも、この子猫ビームにやられたことがあるのではないだろうか？

強烈ですよね、子猫ビーム（笑）。

この子猫ビームは瞬時におばさんを「お世話ばあや」に、おじさんを「盲愛じいや」に変えてしまう。

もう施設は始終この子猫ビームにさらされているもんで、たまらんのですわ（苦笑）。

愛さんなんか猫探知機が内蔵されてる上に、子猫ビーム、デブ猫ビーム、ホームレスさんＳＯＳビームとさまざまなビームを浴びているもんだから、もう全ての猫が賢く、どんなデブ猫も標準体型に見えるし、ホームレスさんのさまざまな厄介ごとの相談役になっている。なんとか、猫探知機だけでも外せないものなのか……。

で、翌日、ビクビク恐る恐る施設の子猫小屋をのぞく。

猫は３匹のままだった。

「ほぉ〜〜〜」今度は安堵のため息だ。本来は安堵の状況でもないのだが、よくわからないまま１日１匹ずつ増えていくという謎の最悪状態にはならないで済みそうである。

とりあえず、名前を付けてあげないといけない。

茶トラに「茶々」、白キジに「ゆき」、黒に「クロ」とつけたことを愛さんに報告。

「ライターのくせにセンスないね。黒猫にクロじゃあんまりじゃないか」という。

まぁね……。愛さんは数いる猫に、すごくセンスのいい名前を付ける。それも、その子の特徴を生かしたり、保護した季節や状況を忘れないような名前を付けるのはいいアイデアだ。

「かえで」「あおい」「シャオ」「コロンボ」「伝」「ドロ」「にじお」「ジャム」「ベイビー」「橋蔵」「小六」「足次郎」「しわす」「みそか」「たんぽぽ」「ヒョッコリ」「ユタンポ」……。みな個性的。

私が付ける名前やホームレスさんの猫は、みんなほぼ同じ。「ミーちゃん」「ミケ」「クロ」「シロ」「しま」「白黒」「ゆき」「ちび」「茶トラ」。ほとんど、毛色そのまんま。


「茶々とゆきはセンスないけどそのままで、黒は『ねね』にする」

ああ、ねねちゃんね。茶々とねねかぁ。確かにかわいい。

3匹は茶トラの「茶々」、白キジの「ゆき」、黒の「ねね」と名前をつけられ、里親さんに出せる月齢になるまで施設の子となった。


しかし、茶トラの男の子・茶々は身体もしっかりしていて元気なのだが、白キジのゆきと黒のねねがやせていてひょろひょろ、何か気になる体形だ。

本当はエイズと白血病の血液検査ができる月齢になるまで、1匹ずつ別々のケージに入れたほうがいいのだが、それはまだ1か月くらい先だし、それまで小さな子猫が1日中一人ぼっち、という状況はかなりよくない。それにボラさんも愛さんも私も仕事があるので、日中の施設は無人になり、自宅同様のそこまでもきめ細かい世話は不可能なのだ。

何より兄弟の可能性もあるので、一緒の小屋で過ごさせることにした。


それから1週間、子猫たちはくんずほぐれずと一日中じゃれあって遊び、ゆっくりではあるが体重も増えていった。

そろそろ肌寒い日も多くなったある日、施設にまた1匹の子猫が増えていた。

別のケージに入れられていたが、月齢は前の3匹と同じくらいのセピア色の男の子。

「また、謎の増える子猫ちゃん事件⁉」

「今度は前の3匹が捨てられていた公園じゃなくて、どこから入り込んだのか？　気がついたらうちのストーブにあたってた」と愛さん。

なんじゃそりゃ？　まぁ、施設には猫ドアがいたるところにあり、内外出入り自由な子も多いから、外から入り込んでも不思議ではないのだが……。

この子には私が「ストーブ」と命名し、この名前は愛さんにほめられた。まぁ、そのまんまなんだけどね。

それから少ししてまだ血液検査には早めなのだが、ストーブを他の子猫と一緒にしてあげたかったので、病院に同じ月齢の子猫4匹を血液検査とワクチンに連れて行った。

もちろん、病気がないのが一番なのは当然なのだが、母子感染が多い赤ちゃん猫の場合でもエイズだけなら里親に行けるケースも多い。

しかし、エイズと違い白血病は発症率が高い。発症するとあっという間に弱って、亡くなる。エイズの子は長生きするケースも多いが、施設の白血病の子はみな若くして亡くなっていた。

子猫たちはほとんどの場合、陰性（病気がない）なのだが、検査の結果が出るまではドキドキである。もし白血病があると里親に出せないので施設で抱えることになるし、何より短命で若くして亡くなる子を看取るのは、私たちが苦しいのだ。

「塩田さ～ん、検査結果でました。残念ですが4匹とも白血病陽性（プラス）です。エイズは陰性（マイナス）でしたが……」

へなへなへな、言葉なく腰が砕ける。

白血病？　それも４匹とも全部？

「先生、その４匹は同じ空間でうつったのでしょうか？」と聞くと、「それは確定できませんが、まだ離乳時期の保護ならほぼ母子感染だと思います。他の子にうつった可能性もゼロではないけど」先生のいうことはもっともだ。

先生、病院のスタッフさん、待っている間お話をしていた患者さん、みんなが悲愴な面持ちで私を見送る。中には目をうるませてくれた方もいた、初対面なのに。

私たちはぐったりとしている犬や猫を連れた方と病院でお会いすると、同情の涙とともに心からの声援を送る。自分がかつて通った場面であり、また通ることになる場面だからであろう。初対面の人ともこのように感情の共感ができるのは、私たちペットの飼い主の突出した能力のひとつだと私は思う。

この「共感」という能力は、人がわかりあったり、つながりあったりするときに不可欠なものであり、強烈な癒しの効果を発揮するものでもある。

私たちペットの飼い主は、初対面でもすぐに打ち解けたり、わかりあったりすることができる。ペットという共通の宝物という認識を通して。

そんな多くの同情の目に見送られながら、白血病の４匹を抱えてとぼとぼと施設に帰る。

「まだ、こんなに元気なんだけどな。どのくらい生きられるんだろう……」

憂鬱な気分になる。

通常、母子感染の白血病の子猫は1歳になれないと聞いていた。たいていが体力のつく前に発症するケースが多いと。施設では20歳前後で亡くなる老猫も少なくなく、そのような子を送るときは、もう「よかったね。いい人生だったね。大往生だね」と、悲しみや無念さではなく感謝の気持ちと笑顔で送ることができる。ただやっぱり泣くんだけどね、なぜか（笑）。

しかし、年若くして亡くなる子の場合は、私たちは治療や看護の方法をめぐって、さまざまな思いや葛藤に苦しむことになる。どのような不可抗力であっても、やはり夭折《ようせつ》することに関して悔やまれるのだ。

愛さんと相談し、この4匹は同じ小屋で過ごすことになった。室内と外の土や草木を植えた運動場付き。内外ともたくさんの猫棚がつけてある。室内のお部屋にはふとんや毛布が敷かれ、それぞれ入れるような一人用の寝床も用意された。夏は全ての窓が取り払われ、風が抜けて涼しく、冬はストーブ付き。

外の運動場にはたまに虫や小動物など遊び相手の訪問もある。保護猫としてのスペースとしては広く快適なのだが、この子たちは里親の元にもいけず一生ここで過ごすのだ。他の子と違って、慣れてから小屋から出して内外自由で隣の公園にも遊びに行ける、という環境はつくってあげられない。

白血病は相手が大人の猫の場合、感染率はさほど気にしてないのだが、感染した際の発症率の高さを私たちは問題視せざるを得ない。

そんな４匹の小屋はとくに暖かくして風邪をひかせないよう気を配った。

母子感染の白血病の子は寿命が短いので、どなたか年配の方で「自分たちの年や環境を考えると5年、10年先がわからないから若い子は飼えないけれど、年寄りの子や長くない寿命の子ならいいですよ、看取りますよ」と言ってくださる方を探したのだけれど、巡り合うことができなかった。

なんとか、この薄幸な子たちを家庭に入れてあげたかったのだが……。

４匹の中で一番身体も小さく、やせて食も細いのが黒猫のねねだった。

しばらくすると、この４匹はカビによる皮膚病になった。免疫機能が弱いのでこういう感染症にもなりやすい。他の子がどんどん良くなっても、ねねだけはいつまでたってもカビが治らず、食も細いままだった。

それでも毎日の消毒を続け、ねねの皮膚病が完治する頃、今度は全員が鼻風邪をひいた。またの病院通い。体力が落ちる前に治さないと……。

往復2時間半くらいの病院通いが続く、1日のボラの時間がどんどん長くなる。

仕事や家事を抱え焦る自分もいるが、命が優先、仕方ない。自分で後悔しないようにできることをやっていく。


ちびたちのこの風邪は長引いてずいぶんと気をもんだのだが、ようやく風邪が治ってからは、皆ずいぶんと成長し、体もしっかりして体力もついてきた。

4匹はみんな仲良く小屋中を追いかけっこして遊び、夜は寄り添って団子になって眠っていた。

そして1年近くみんな元気に過ごしていた。

その間何度か白血病の再検査をした。白血病は体力がつくと、まれに自力で治るケースがあると聞いたのだ。期待→落胆、期待→落胆を繰り返す。

ある日ストーブが突然食べなくなった。急いで病院に行くも数日で亡くなった。早い……、1週間前までは普通に元気だったのに、こんなに突然発病して、あっという間に亡くなるなんて……。

それが白血病の発症と言っていいのかは判断が難しいところとの所見だった。施設の子は家庭の子と違って、亡くなった原因を究明するところまではできない。健康な子が突然死したわけでもない場合はなおさらである。

ストーブが亡くなったあとの再検査で、なんと茶トラの茶々だけ白血病が陰性になった。愛さんと飛び上がって喜び合う。４匹の中で一番からだも大きく、体力もある子なので可能性としては一番だった。

ハンサムな茶々はなんと同時に里親さんも決まったのだ！

茶々がこうなのだから、ゆきもねねも希望があるかも。まぁ、とにかく茶々だけでも本当に嬉しい。かわいそうだが、白血病陰性が判明した時点で、茶々はゆきとねねと離して一人の小屋に移した。一緒になりたがっていたが、もう里親さんも決まっていたので、接触させることはできなかった。

るんるん♪　気分の数日後、茶々が突然食べなくなった。何事かと病院に行くと先生の表情が暗い。

「伝染性腹膜炎だと思います」

「えええーーー!?」なんで？　白血病を自分で治したのに、なんで？

一緒にいたゆきとねねは元気なのに、なんでよりによって茶々が……。

その後、茶々は急激に状態が悪くなり、なんと10日ほどで亡くなってしまった。若くて体力があったからか、その最後は苦しい苦しいものだった。

しばらく私たちは気分の落ち込みから抜けられなかった。


白血病の子は、ゆきとねねの2匹になった。

一番心配だったねねは、今や黒光りするほどピカピカで身体もしっかりし、ツンとすました美猫に成長している。マイペースな子で抱けば抱かれるのだが、自分からは寄ってこない。

ゆきはものすごくかわいい顔で、性格はわがままなお姫様気質。これまた美猫。

いつも自分たちの小屋の中から外に出たがって、私を呼んだ。その声がかわいらしい顔に似合わずのハスキーボイスで「ヴ～ん、ヴ～ん」と、低くすねるような声なのがおかしかった。

掃除やえさやりなど一通りの作業が終わると、私たちがいる部屋の猫窓を全て締め切って、猫たちの水飲みやフードを片付け（白血病は唾液感染なので）ねねとゆきをその部屋に連れてくることにした。

美人でハスキーボイスのゆき

自分たちの小屋しか知らない２匹はこの部屋が珍しく、また部屋にいる大人の猫たちも珍しかったのだろう。興味深く部屋中を走り回り、大人の猫にちょっかいを出し、一度部屋に連れてくると帰りたがらず、捕まえるのが大変だった。

私はその年は６月から約半年間、高野山への入山が決まっていた。

高野山の正式な密教僧となるためには四度加行《しどけぎょう》という高野山内での長い修行が必要である。もちろんその間は外部との連絡は許されず、何があっても下山できない。下山してもいいのだが、下山したら修行は途中放棄となる。長期間自宅を離れるさまざまな準備や連絡事項、飛騨の寺での修行。修行に行く前の勉強で忙しく、間際になると施設に行ける時間も遅く、自分の仕事と施設の作業をこなすだけで精一杯だった。

ゆきが「ヴヴ～、ヴヴ～！　出たい、出たい！　お部屋に行きたい！　行きたいよぉ～」と私を呼ぶ声も聞こえていたのだが、叶えてあげることができないままバタバタと高野山に入山した。

梅雨の前に入山した高野山。在家（寺を持たない一般家庭）の私には、高野山独特の修行・生活はとても長く感じ苦しいものだった。人生で一番頑張った高野山での修行。それが無事、満願（終了）したのは、もう小雪が舞い散る時期になっていた。

東京に戻り施設に行くと、ブーケとしわす、そして、ゆきの死を伝えられた。見せてもらった治療中の写真のゆきは、私が最後に見た、わがままでおしゃまな面影もないほど衰弱していた。

あんなに愛らしいゆきの顔が苦痛に歪み、やせ細った身体に点滴の管が巨大に写り、痛々しい。

「ゆきはすごく、苦しんだんだ。見ているのが辛かった」

この写真からも愛さんの苦痛が伝わってくるようだった。

施設の子に関して私たちは仕事を持ちながら常にオーバーワーク気味にできることを精一杯やっている。なので亡くなれば号泣するのだが、後悔が残ることはあまりない。けれど、けれど、ゆきの最後の言葉には後悔が残る。

数年たった今でも、ゆきの最後の言葉を思い出す。

「ねぇ～出たい～！　お部屋に行きたいぃ～。ずっと、ず～っと待ってるのに～。ねぇ～出たいよぉ～」

いま振り返っても、あのときは本当に時間的にも精神的にも緊張していて、私自身いっぱいいっぱいの追い詰められた状態だった。

いま思っても同じ場面でも、ゆきをかまってあげられる余裕はなかったと思う。

そんな自分を責めているわけではない。けれど、ゆきのあの声が、最後の声が忘れられない。かまってあげられなかった。けれど、私はそうしてあげたかった、最後に。苦しんで亡くなる前に。

ゆきのあのハスキーボイスを、私はこの先も忘れることはないだろう。

同じくらいの月齢の白血病の4匹たち。

ストーブ、茶々は、ほぼ同時期1年半くらい、ゆきが2年くらいの命だった。

みんな発病までは元気で、発病後はあっという間のお別れだった。

若猫を天に送るのは本当に辛い。でも、家庭にもいけず一生小屋での生活を考えると、長生きしたほうがいいのか疑問でもある。

私がたくさんの施設の子を抱えていなかったら、自宅にいられる仕事をしていたら、家人に理解があったなら、4匹うちに連れて帰ったのに。

短い命なら思い切り甘やかしてあげられたのに。

ゆきに家中、走りまわらせてあげられたのに。

毎日抱きしめて一緒のふとんで眠ったのに。

「もし、自分が何々だったら、それができたのに……」そう思うのは、私だけではないだろう。

与えられた環境で、限られた条件の中で、何をしていくかを考え行動していく。それも私たち犬猫を愛するものの課題なのだと私は思う。

不思議なことに4匹のうちで一番身体が小さく弱々しかったねねが、なんともう2年以上も元気でいてくれている。

ねねの隣の小屋には、もう里親にいけない猫たちがいた。人になつかなかったり、うつらないまでも病気を持っていたり、障害があったり……。ねねはそんな子たちと仲良しなようで、よく届かない網ごしに必死に手を伸ばしていた。そんな光景を見て、思い切って隣の小屋にねねを移した。

一人ぼっちでいたねねは彼らに迎え入れられ、楽しそうに暮らし始めた。

ご飯をあげに行くときも、どうしてもねねをひいきして大盛りのご飯をあげる。しかし、他の子はそれを見ても横取りすることはなく、ねねが食べるのを邪魔することはなかった。ただ、人間には厳しく、私は彼らによく引っ掻かれた。ズバーーーーっとね（苦笑）。

さらに季節が巡り、ねねがきてから3年がたった。

相変わらずねねは漆黒のビロードのような毛並みで、つんとすまして、ご飯のときだけさわらせてくれた。身体もふっくらして体力もあるように見える。

「一番弱かった母子感染のねねがねぇ……、あんなに元気で3年も過ごせるなんて……」

施設の仲間と感慨深く話す。

「ただ、具合悪くなったら、この子たちはあっという間だからね」

ねねは仲良しの猫たちと元気に、楽しそうに何度目かの初冬を迎えた。


12月初めの穏やかな天気の夕方、ねねが死んだ。


1週間くらい前からご飯を食べなくなり、あっという間のことだった。

ご飯を食べなくなったときには、「とうとうきたか……」という予感はあった。

まだ3歳。若いから苦しんだり長引いたりすることだけが心配だった。

ねねのためにストーブを点けると、ストーブの前で気だるそうに横になっていた。苦しんではいないが、だるそうだった。

大好きな鳥肉も、スープも刺身も、もう何も食べようとしない。

「点滴もやめよう。このまま逝かせよう。苦しそうではないから……」

何十匹の猫を送っても、毎回毎回その決断は苦渋のものだ。

「ねね……」ねねの漆黒の毛並みをなでる。

「キレイだね。ねね」語りかける。

このふっくらとした身体がどんどん痩せていくのか。このビロードのような毛並みがバサバサになるのを見守るのか……。そんなことを思う。

食べなくなってから、わずか1週間。苦しむこともなく、身体も衰える間もなくふっくらとしたままで、漆黒のそれは美しい毛並みのままで、ねねは天に帰っていった。

「よかったね〜。ねね。苦しまないでよかった。よかった。3年も生きられたね。すごいね。ありがとう」

よかった、苦しまないでよかったといいつつ、涙と鼻水が止まらない。

ねねをなでながら泣いていると、「黒太も死んだから」と背後から愛さんの声。

「えっ⁉」と思うも「そうですか、大往生ですね」と答えた。

黒太は施設の猫と折り合いが悪く、どんどん遠くに居場所を移した白黒のオスで、最近はあるホームレスさんの小屋周辺が気に入り、そのホームレスさんにご飯をもらっていた。愛さんは黒太が移動するとこ移動するとこに、発泡スチロールをはったダンボールの猫小屋とふとんを置いていっていた。

黒太はもう22歳くらいの老猫で、晩年はおとなしく、好きな仲間猫と好きなように自由を満喫して生きた大往生の人生であった。

世話をしてくれていたホームレスさんの話では、眠るように逝ったということだった。ここまで年をとった子の最後は、老衰と呼んでいいのであろうか、使い切った枯れた肉体から離れる子は苦しむ子がいなかった。

そういう子の死は荘厳であり、満足に満ちたものであり、送る側もやはり泣きはするのだが、すぐに「本当によかった。よかった」と笑顔と感謝で送ることができた。「ああ、こういうボラに関われて幸せだなぁ……」と思える瞬間でもある。

そんな老齢で逝く子もいれば、若くして夭折する子、また幼い猫が育ち、里親に行く。施設ではそんな命のバトンが日々繰り返されている。

そんな光景を見ていると、理屈ではなく、何か「生と死」を身体で感じるのだ。生の輝きと力強さ。死への戸惑いと諦観。本当にこのような感覚が折り重なって、人生は紡がれていくと感じるのだ。

私は折に触れ、施設で誕生と死に接している。最近はそのどちらも、荘厳なものだと思うようになった。**誕生だけが喜ばしいものではなく、死もまた偉大なるものであると、天に帰る子たち**

に教えられる。

立派に亡くなる、とは変な表現だが、与えられた生《せい》を生《い》ききった子たちの死は、ほんとに「偉大なる旅立ち」そう感じる死が多いのだ。

そんな死に触れると「もっともっと……」「こんなこともしてあげたかった」「あんなこともっと……」というような、その子の人生に立ち入るような自分本位の感情がちっぽけに、また恥ずかしくも感じた。

喜ばしい言葉は生のためだけにあるのではなく、死もまた偉大な言葉で語られるものなのだと、小さな賢者たちが今日もまた、身をもって教えてくれる。

施設の子たちの死にひとつ共通している、とても不思議なことがある。

これは私が勉強している人の宿命や運命、バイオリズムや運気を自然界の森羅万象から読み解く、中国に古くから伝承されている「算命学」という学問の見地からなのだが。（ちなみに算命学は陰陽五行説から発祥している）。

ねねと黒太が死んだこの日は愛さんの「運気（バイオリズム）の夜」。通常、運気の夜とは、文字通り「夜（物事の停止）」を意味する。

施設の子は愛さんのこんな日に亡くなる子が多いのだ。

施設の子はみんな愛さんが大好きだ。施設の子はたくさんいるし、愛さんは早朝から夜まで仕事でいない。

早朝や夜の施設での作業も、やることがたくさんあり常に時間に追われ、健康な犬猫たちをかまっている時間や余裕がない。

けれど、施設の子はみな愛さんが大好きで、そのわずかな時間の中で、愛さんに少しでもなでてもらおうと我れ先にと寄ってくる。

みな、知っているかのようだ。愛さんに命を助けられたことを。


この算命学で考える「運気の夜」は、「通常、縁のない人とハシゴがかかる」というときでもある（条件付きだが）。

これは私観なのだが、どうも施設の犬猫というのはこの「運気の夜」を利用するのではないかと思うときが多い。

犬猫の気は通常は人の意識と交わりにくいので、その人の運気の夜を利用して、このときに何かしらのアプローチをするように思えてならない。

愛さんのことが大好きな施設の子たちは、愛さんの運気の夜を利用して愛さんに感謝を込めて、この日を選んで逝くような気がしてならない。

それは「大好きなお父さんの負担を軽くする日」。

愛さんに救われ、あの子たちなりの人生を生ききった。そんな思いが込められている気がしてならないのだ。

そこにはそれぞれの子のたくさんのメッセージがあるのだろうが、私にはそれをきちんと聴く力がない。

こういうことなのかな？　こう言いたいのかな？　こう伝えたい気がする……。

そんな感じであるが、そんな施設の子が天に帰る日を私は、お父さんが大好きな施設の子の気持ちを代弁して「お父さんの日」と呼んでいる。

虐待の行く末

先日、男友達のＹくんがこんな話をふってきた。

「犬や猫を虐待したり捨てた人って、なんで天罰が当たんないのかね？」

「天罰、当たってると思うよ」そう言うと「あなたが言う天罰は、風が吹けば桶屋が儲かる的なことでしょ。回りまわってやったように返ってくるって。でもそんなんじゃ、本人はわからないじゃん。犬を殴った瞬間に頭に何か落ちてくるとかさ。なんでそーゆーシステムじゃないんだろう？」

「誰が頭に落とすのさ？」と私。

「そりゃ、神さま仏さまだよ」

う～ん。言いたいことはわかるのだが、神仏はバチなんて当てない。

天罰は自分で自分に当てるもんだ。自ら気づくことによって……。

それに、自分がやらかしたことの後始末を全て神さま仏さまっていうのも、なんだかなぁ。それに、そんなシステムだったら若い頃の私たちは、しょっちゅう頭に何か落ちまくりで、頭蓋骨陥没で死んでるんじゃぁ……、そう言うとYくんは黙ってしまった。

犬猫を虐待したり、捨てることだけが悪ではない。

私たち人間はことの大小に関わらず、誰にも言えない悪や闇を抱える。

私もた〜んと抱えてますよ（笑）。全然、清廉潔白、品行方正じゃぁございません。

犬猫の保護をしている＝いい人とは限らない。

私たちは悪を体験するからこそ光を求める、という心理的進化を遂げているのではないだろうか？　表（聖）だけのコインはないのだ。

そういう意味で、「悪いことをした人に天罰」となると、「悪いこと」の定義がややこしい。それに「悪いことをした反省」は、人から強要されることではなく、自ら気がつくことが大切。そうでないと人は過ちを正さない。

「それにしても、なんか腹立つよなぁ……」とYくん。そうね、確かにね。確かにもどかしいのだけれど、やはり「自らが気づく」ことが必要であり「命を虐待したり、殺したり捨てた人は、人の事情に関わらず、やったように返ってくる」と思うのだ。

そんな「やったように返ってきた」人を私はカウンセリングの現場でたくさん見てきた。さらに数年前「動物虐待の心理」を中心としたある心理学の研究会に参加した際に、過去に動物虐待や飼っていた動物を捨てたという人の話を聞くことができる機会を得た。その方々の人生がその後、苦しいものになっているのをせつせつと感じた。

動物を虐待していた人、捨てた人には、いくつかの共通項があった。

- 被害者意識の強さ（自分は悪くない。自分こそ社会の被害者である）
- 弱者（動物）を支配することによる自分の存在の確認。
- 自分の行動の過度の正当性（自分のやっていることは正しい）
- 生命への軽視。

要は、自分が幸せでなく大きな恨みと憎しみを抱えている人であった。

また、自分だけの世界に生き、「自論＝（言い訳）」の達者な人でもあった。

そして、本人自身が「大切にされた経験」を持たない。

人は自分という存在を「大切にされ」「あなたに生きていてほしい」という強烈なアピールを受けないと、生きていく理由を失う。

生きることを肯定されない、歓迎されない魂は自暴自棄になる。

「他者も軽んじ、自分の命も軽んじる」だから未来を考えず暴走していく。

「命を虐待したり、捨てたり、殺したり」してきて、反省も償いもない人の共通している苦しみとは、「自分たちの命（尊厳）も軽んじられる」ということのように思える。

「類は友を呼ぶ」という言葉通り、そのような人は同じような感覚の人と引き合う。

そのような人は小さな命を守るために、誰かのために必死になるような人とは友人にならない。

命を軽んじ合う者同士が友人になり、命を守る者同士が仲間になる。

そう考えると、自分を含め命を軽んじる人しかいない世界って怖い。

なんと恐ろしいところだろう。

そんな恐ろしい世界では、自分がつまずいたときに、一体だれが助けてくれるのか？

差し伸べられたその手は本当につかんで大丈夫なのだろうか？

人を信じられない世界に生きている人は、人生に不安と恐怖があふれている。

弱みなんか見せられない。なめられるわけにはいかない。

だって、いつだまされるかわからないから。いつ傷つけられるかわからないのだから。それは自分が他の命を軽視してきた世界。

自分のように「自分さえよければいい」そんな人しかいない世界。

そんな世界に生きている人が犬や猫、命あるものを捨てる。

もっともらしい言い訳をくっつけて。

神という法則は、そんな人間の事情にはおかまいなしに法則に従うのみだ。

「類は友を呼ぶ」「同じ波長の人が引き合う」「やったように返ってくる」

命を軽んじる人しかいない世界に生きる人は、毎日が緊張の連続で毎日がうまくいかない。

緊張していないと傷つけられる。見栄を張っていないとなめられる。

心がないから物に執着する。

お金。お金。お金。お金で買えるものばかり。

心がないから心がある生き物を捨てられる。

どこまでいったら、幸せになれるのか？

どこまでいっても幸せになれない。

幸せとは外側から「与えられる」ものではなく、「自分が感じる」ものだから。

その人は、お金という交換手段を使って、一体何と交換しようというのか？

お金はあれば幸せなのではなく、お金は何かと交換する手段に過ぎない。

「この子と一緒にいられれば何もいらない」「この子が元気になってくれれば他に何も望まない」

「私の願いは、この子が苦しまないで召されること」

私たちの思いはシンプルだ。

それはお金で買えないものばかり。それは思い通りにならないことばかり。

だから、その中で私たちは悩み傷つき、泣きながらせつなさと優しさを学ぶ。

なんのために、優しさとせつなさを学ぶのか？

自分が通った道で泣いている同胞に手を差し伸べるためである。

それは私がペットを失って泣いているときに、差し出してくれた優しい手。

人を信じられる世界に生きている人は躊躇なく、差し出された手をつかむ。

それは、かつて自分が泣いている誰かに差し出した手、安全な手。

優しく背中をさすってくれる手。力強く私を引き上げてくれる手。

人と助け合い生きている人にとって、世界は安全と優しさに満ちている。


犬猫を捨てる人も、大事にする人も同じ世界に生きている。

「やったように返ってくる」「類は友を呼ぶ」返ってくるもの、集まる人が違うだけ。

昔こんな逸話を読んだ。

天国と地獄には同じものがある。

同じものがあるのに、天国にいる人はいつもお腹がいっぱいでニコニコしているのに、地獄にいる人はいつも空腹でイライラしている。

なぜなのだろう？

天国と地獄にはともに、直径数メートルもある鍋と同じ長さのハシがあり、大きな鍋の周りを人がぐるりと囲んでいるという。

地獄にいる人は、鍋の中の食事をわれ先に食べようとするのだが、長いハシが隣の人とぶつかったり、ハシが長すぎてどうやってもうまく食べることができない。だからいつもイライラして空腹なのだという。

天国にいる人はその長いハシを使い、大きな鍋の自分の向かい側にいる人に、鍋の中の食べ物を長いハシでつかみ「どうぞ♪」と食べてもらう。

長いハシはちょうど、向かいの人に届く長さだ。今度は向かいの人が「あなたもどうぞ♪」と長いハシで、自分に食べさせてくれる。

だから、いつも天国にいる人はお腹がいっぱいで、満ち足りてニコニコしている。

私はこの話が大好きだ。まさにこの世のカラクリを上手に表現していると思っている。


天国と地獄には同じものがある。

天国と地獄は同じ場所にある。それが今の私たちの世界だと思う。


自分次第で今、自分がいる場所が天国にも地獄にもなる。


犬猫など動物を捨てる人は、捨てられた動物がどんな過酷な末路になるか想像しない。どんなに怖くて、飢えて、恐怖に凍えるか考えない。

捨てたのは犬や猫でなく、自分の命の一部なのだと気づかない。

その子が悲惨な目に遭うほど、捨てた人には「やったように返る」。

泣く泣くその子を拾った人が時間と労力と神経とお金を使って、その子のために奔走するほど、捨てた人にその苦労が「与えたように与えられる」。


昔、近所に犬を殴る老人がいた。老人は一人暮らしだったらしい。

杖をついて、柴犬系のやせ細った犬を連れて歩き、ことあるごとに杖で犬を殴っていた。

見かねた通行人に諭されるも、老人の態度は変わらない。

若かった私も、そんな場面に出くわすたびに老人に食ってかかっていた。

老人のあとをつけ、日の当たらない家の脇につながれたその犬に肉を与えに通っていた。当時は今ほど「動物愛護法」が使えず（現在もかなりゆるいと思うが）、知識もなかった私は、保健所や警察に相談してもらちがあかず、かといって自分で引き取ることもできず、ただ犬におやつをあげに通い、老人に会えば文句を言うばかりだった。

当然、事態は良くならない。

今だから思えることだが、見知らぬ若者から頭ごなしに犬を叩くなと喧嘩腰に言われて、そうですね改めますという人ならば、そもそも犬を殴ることはしないだろう。


ある日、小さな公園でまた犬を叩いている老人にでくわした。

このときの私は、もうもう大声で強烈に老人をののしり、しつこく暴言を吐いた。

老人はいつも言い返さない。ただ黙って憎悪の目で睨むだけである。

とにかく自分が言いたいことを言って帰ろうとしたとき、日傘をさした一人の上品そうなおばあさんが、すっと老人に近寄った。

「あらあら、かわいいワンちゃんですね。なでてもよろしいですか？」

そう言っておばあさんは日傘をたたみ、真っ白な手袋をはずして、しゃがみこんで犬をなで始めた。

「何歳ですか?」「いい子ですね〜」「お散歩させてくれて、いいお父さんね〜」

そんなことを話し始めると、驚いたことにあの偏屈なクソジジイが笑ったのである。

それからおばあさんはこの犬を飼った馴れ初めや、老人の話をゆっくり静かに聞き始めた。

あっけにとられて見ていると、しばらくして老人が犬の頭をなでたのだ!

あのクソジジイがいつも殴っている犬をなでるなんて!

雷に打たれたような衝撃だった。

まさに「北風と太陽」。冷たい環境の中では人は縮こまり身体を硬くするが、暖かい環境では自ら心のコートを脱ぐのである。

もう、自分の傲慢さに気づき、恥ずかしさでいたたまれなくなり、その場から逃げ帰った。

あのご婦人はどんな魔法を使ったのか?

ああ、もったいない! 今だったら、そのご婦人に頭を下げて教えを乞うのに……。

菩薩降臨。

「偏屈親父」と同じ世界にいた「傲慢娘」、双方の救済に降臨されたか。

なんのことはない。犬を虐待していた偏屈親父と、相手のことを何も理解しようとせず、ただただ自分の意見を正論とし、相手に暴言を吐いていた私は同じ世界の住人だったのだ。

それから、そのご婦人と老人の関わりはどうなったかわからないが、それからたまに見かける老人が犬を叩くことはなくなっていた。

日陰の犬小屋も日の当たるところに移動し、屋根の下にはなんと毛布まで敷かれていた。私が勝手に敷いた毛布は捨てたくせに……。

菩薩は敏腕カウンセラーだったのか⁉

実をいうと、恥ずかしながら私はよくこのような場面に遭遇した。

何回も形を変え、菩薩さまになぞってなぞって教えていただかないとわからなかった。

人は力で変えられない。人のことを変えることはできない。

自らが変わるように援助していかないと、虐待や命を粗末にする人は変わらないのだと。

今、カウンセリングの現場にたって、本当にそう思えるようになった。

物事を変えるのは「社会の改革」ではなく「人の心の進化」なのだと。

年間に何万頭と殺処分される犬や猫を捨てる人、虐待する人の意識を変えるには、「改革」ではなく「心の進化」が必要なのだと私は思う。

命を粗末にする人の人生の土台には「心」がない。その「心」を取り戻さないと、その人は変わらない。

そんな犬猫を捨てる人と関わるのは嫌なものだ。殴ってやりたい。捨てられて、苦しんで死んだ子と同じ目にあわせてやりたい。

いいのだ、私たちがやり返さなくてもいいのだ。その人は自分と同じような人しかいない地獄にいる。ちゃんと「やったように返ってきている」。はた目では幸せそうに見えても、幸せになんかなれない。

殺処分ゼロを目指すならば、命を軽んじる側、捨てる側、虐待する側の人間を救わなければ、不幸の連鎖はとまらない。

虐待の現場に遭遇する。知人が犬猫を捨てようとしている。捨てられた子に遭遇してしまった。そんなとき相手とどう関わるか？　どんなアプローチが必要か？

また、私たちがこの現場に居合わせたのはなぜなのか？　この現場に対してどんなお役目があるのか？　何ができるのか？

私たちも忍耐と知恵を試されているのだと思う。

相手だけの問題ではない。

マリアMさんの言葉。

「私にできるから見せられる」

犬を殴る人を怒鳴って殴ったら、自分の気持ちは晴れるかもしれないが、「殴る人と殴られる人」はいつまでも同じ堂々巡りの同じ世界になる。

殴る人を殴らない人に意識を変えてもらうこと。

理想は「殴る手」を「なでる手」に進化してもらうこと。その援助に尽力する。

そんな心の進化が広がれば、不幸な犬や猫もいなくなるのではないか？

世界を変えなくてもいい、自分の周り、自分が関わる環境を変えていくだけでいいと私は思う。

悪が伝染するように、善もまた伝染するのだから。

そして人は本質的に「ばかやろう！」より「ありがとう！」を求めるものなのだから。

人の心が進化を遂げるカギは、使い古された言葉であるがやはり「愛情」だと思う。正しくは「正しい愛情」と「受け止める忍耐」。そういう人が寄り添ってくれたら、人は変わることができる。

　動物を虐待したり、命を捨てる人は「悪人」なのではなく「未熟」なのだと私は思う。そういうことをする人間になってしまった意味が自分でわからない。

自分がやったことが、相手や周囲にどんなことになるのか想像できない。自分の世界観、自分の考えしかわからない。

そんな未熟さは、怒っても、叩いても、諭しても、ますますひねくれるばかり。**しかし未熟さは成熟へと育てることができる。**

物事は考え方の角度を変えると、ぐっと楽になることがある。

人を変えることはできないが、自分の対応を変えることによってのみ、相手は変わることができる。

今、施設には捨てられたミニチュア・ダックス（♂）と、チワワ（♀）がいる。

組織でも団体でもない愛さんの施設の現状で、犬を引き取るのはものすごい負担なのだ。

しかし、近隣の公園に2頭一緒に首輪もなく捨てられていた。2匹は寄り添いながら、公園内を所在なさ気にうろうろしていたところを愛さんに発見された。

犬を2頭保護したと聞いたときには、本当に倒れそうになった。犬1頭なら猫10匹のほうが楽なのである。

近所迷惑なほど吠えるし散歩も必要、かまってほしくない保護猫と違って、通常の犬はかまってかまって攻撃。ましてや人に庇護してもらうことを生きる術にする小型犬。

しかし、愛さんが連れてきた2頭はガリガリでお腹が背中にくっつくほど痩せていた。吠えたり噛んだりせず触らせるのだが、ビクビクして妙におとなしい。まだ2歳くらいの若さ。通常このくらいの小型犬は要求も多く、わがままでよく吠える。ましてやそういう犬種。

おとなしくビクビクしながら、2頭でくっついている姿がかわいそうでならない。ゆでた牛肉と缶詰をあげると、毎回すごい勢いで食べつくす。飢えていたのだ。一体どんな飼われ方をしていたのか？

毎回、たっぷりの肉汁とお肉。思い切り走りまわれる環境まで出向く。抱きしめて、なでて名前を呼ぶ。

それからというもの、この2頭は施設でかわいがられて、ちゃんと自分の感情や要求を出せるようになった。吠えて要求しても叩かれない。呼ばれたときに駆けつければおやつがもらえる。抱っこをせがめば抱いてもらえる。

そして、ちゃんとわがままな肥満気味の犬になった……。

犬や猫、さまざまなペットを捨てる人は、どこかに捨てて「誰かいい人に拾われてね」それで関わりが終わると思っている。そうではない。命を捨てた行為は地獄へと続く道への始まりだ。

そんなペットを捨てる人と遭遇したとき、私たちにもできることはあるのだろうか？

私たちがペットを亡くして深い闇にいたときに、誰かが手を差し伸べてくれたように、犬猫を虐待している人がいる深い闇に、手を差し伸べられたらいいと思う。

殴る手をなでる手に変えられるよう、そのための何かができたらいいと思う。

やったことの成果はすぐにはでないかもしれないが、そんな「虐待を無くす種」を深い闇にいる人に渡せたらいいと私は願う。


植えられた種はいつか未来に芽を出す可能性を秘める。

だから「種」を渡すだけでいいと思う。あとは天にゆだねてみよう。

第6章

いのちのつながり

ノアの方舟《はこぶね》

これはもうどれくらい前の話だろうか……。

私が30代になった頃、しゃもんがまだ若犬だった時代。

私は見よう見真似で犬とのキャンプを始め、ある湖沿いの古くからあるキャンプ場に、しゃもんを連れて毎週のようにデイキャンプ（日帰り）に訪れていた。

世にキャンプブームが訪れる数年前のことである。


このキャンプ場は当時、夏以外は管理人も常駐していなくて、ほとんどが無人。

たまに管理人がいるときは２００円の使用料を払うのだが、地元の管理のおじさんたちにいつも焼き芋やトン汁、雑炊をごちそうになり、みかんや柿、餅などを持たされるので、たまに払う使用料も意味がなかった（笑）。

しゃもんは着いてから帰るまで自由に過ごし、何も工夫がなく自然の森そのものの広大なキャンプ場内をブラブラし、裏の山道を歩き、キャンプ場近くにある廃屋となった別荘地を探検し、私たちは１日を過ごしていた。しゃもんは気が向けば、真冬でも湖で泳いで遊んでいた。

お昼はしゃもんと二人で野菜・魚介・お肉の簡単な調理をすることが恒例になった。しゃもんは昼の11時くらいになると遠出をやめ、バーベキューセットの脇に張り付く。「大丈夫だから、しゃもんのためにお肉を焼くんだから、食べ損なったりしないよ」と言うのだが、「もう、食べようよ。もういいんじゃない？」と毎回激しく催促される。

ある真冬の日、キャンプ場内をブラブラしていると、１匹の黒と茶色の犬がどこからともなく現れた。しゃもんよりふた周りくらい小さいザ・雑種。未去勢のオスだった。

「うわ、ケンカするかな……」

案の定、オスには厳しいしゃもんが追い払いにかかる。しゃもんに脅かされるたびに、その子はお腹を見せて友好をアピールしていた。追い払っても、追い払っても、「遊ぼう！」と近づき、お腹を見せるこの犬のしつこさに、しゃもんも追い払うのを諦める。そのうち二人（犬）は仲良く遊び始めた。

「へぇ～、しゃもんがオス犬と遊んでる。珍しい……」

そろそろバーベキューの時間。

「う〜ん、お肉を欲しがるだろうし、さすがにケンカになるかなぁ……」

お肉を焼きだすと、遠慮がちに後方で伏せをしているオス犬をしゃもんが威嚇する。その度に彼はしっぽを振りながら後ずさりする。できた犬だ。

しゃもんがある程度食べた後で「伏せて待て」の命令をし、彼を呼ぶ。しかし、しっぽを振りながらもしゃもんに遠慮して、彼は近寄ってこない。偉いな……。

もう一度、しゃもんに「伏せ・待て」の命令をし、彼に焼いた肉を投げる。彼は顔の前に落ちた肉をぶんぶんとしっぽを振って、ペロリと飲み込んだ。

しゃもんを「いい子だ」となでて、しゃもんにも肉をあげる。

それを何度か繰り返して食事が終わると、二人はまた遊び始めた。クールなしゃもんが犬と遊ぶのはすごく珍しいことだった。

場内の散策も山道の散歩もつかず離れず、彼は私たちについてきた。

帰る時間になり、「この子どうしよう……」と思うも、今は冬で特に人も来ない。やせてもなく健康状態がいい彼は、何か食料確保の方法があるはずだ。

「またすぐ来るよ」そう言って、ゆっくりと車を出す。すると彼はキャンプ場のゲートまで付いてきたがそこでピタリと立ち止まり、夕暮れの中、見えなくなるまで私たちを見送る姿がバックミラーにうつっていた。

どうにも彼が気になって3日後にまたキャンプ場に行った。ドッグライターだった私は前倒しで仕事を終え、ほとんど完徹状態だったが、彼が気になり気が急いていたのだ。

雪がチラつくキャンプ場について、「テツー！　テツー！」と勝手に付けた名前を呼んで、口笛を何度も吹いた。

いない……。しばらくすると管理人のおじさんが見回りに来た。あの子のことを聞くと、1年くらい前から現れ、たまにくるお客さんからご飯をもらったり、自分でよく鳥や小動物をとって食べている。おとなしいからそのままにしている。たぶん、裏のつぶれた別荘地のどこかに住んでいるのかもしれないということだった。

おじさんが帰ったあと、しばらくしてテツが走り寄ってきた。

良かった！　いた！　元気だ。「テツ、テツ」と呼びながら、名前を覚えさせる。もしかしたら他でも名前をつけられてるかもしれないけれど……。

2頭は遊び始め一緒に散策に出かけ、たくさんお肉をあげた。

「テツ、お肉」「テツ、おいで」「テツ、いい子」たくさん話しかける。

彼はすぐに名前に反応するようになった。自分の分もわきまえるし、本当に頭のいい子である。

生い茂った枯れ草を掻き分け、3人（私と犬2頭）で別荘地をうろついた。テツの寝床が知りたかったのだ。テツを先に歩かせて案内させたかったが、しゃもんに遠慮してか、彼はしゃもんの先を歩くことはなかった。

困った私はしゃもんを車にのせ、秘密兵器を取り出した。

お肉屋さんで分けてもらった大きな牛の骨。

「テツ、しゃもんは車にいるからね」と話しながら、二人で別荘地に入り、テツに骨を渡した。

思わぬごちそうに彼は一瞬たじろいだが、次の瞬間、骨をくわえて走りだした。

見失わないように後を追う。途中、錆びた鉄条網や折れた枯れ木で顔を切りつつ、何度も転がりそうになりながらも、彼の寝床を突き止めた。

テツはある大きな別荘の床下をねぐらにしていた。骨をくわえてそこに飛び込んだのである。しかし、先ほどたくさんお肉を食べていたテツは、すぐに骨を持って軒下から現れ、近くに穴を掘り骨を埋めていた。

「あとで、おなかがすいたら食べなよね」

すぐに車に戻ってしゃもんを降ろし、用意してきた大きなダンボールの内側に発砲スチロールを貼った手づくりの犬小屋と毛布、ドッグフード、水を彼の寝床に運んだ。

夕方、かなり降りだした雪を心配しておじさんが様子を見に寄ってくれた。

「塩田さん、もう帰りなさいよ」その言葉にお礼をのべ、テツのねぐらを作ったこと、周囲を汚さないように掃除もするのでこのまま置かせてほしいということ、もし保健所などがきたら私が引き取るから連絡してほしい、そんなことをお願いした。

おじさんは「おとなしい犬だし、別にかまわないよ」と言ってくれた。

それから、私は毎週のようにテツのもとに通い始めた。

「テツー！」たいていは数度も呼ぶと、テツが飛んで出てくる。

一緒に遊び、一緒にご飯を食べた。

彼はどんなに慣れても、決してしゃもんより前に出ることがない、わきまえたできた犬であった。里親も考えリードをつけると、おとなしい彼にしては珍しく、ものすごく抵抗し身をよじって嫌がった。

ときには大きな鳥や小動物をお土産に食わえてくる犬だもの。つながれるなんて嫌だよねぇ……。彼はちゃんと自活できているのだから。

この奇跡のような付き合いが2年近く続いた。それでも毎回テツが姿を見せるまでは心配だった。テツは私が作った犬小屋を気に入り、ずっとそこをねぐらにしていたので、定期的に毛布を替えたり、冬はさらに小屋を二重にして出入り口のビニール扉も二重にした。

そうして世話をしながら心配しながら、私はずるずると彼を里親に出す決断ができずにいた。

森を疾走し、獲物をとって食べている彼は、里親に行って幸せだろうか？

事情を話すと里親候補の方もいたのだが、1日2度の散歩は約束してくれたが、もちろんリードにつないでの近所の散歩である。

彼は安全と引き換えに自由を奪われる人生を、幸せと感じるのだろうか？

ただ……、やはり自由と危険はセットなのは間違いない。

私が飼いたいとも思ったが家人との関係でそれができず、何より大きな持病を持ったハスキー犬を持つ私にとって、2頭飼うことは体力的にも金銭的にも精神的にもできなかった。

そうこうしているある秋の日、テツが1頭の犬と連れ立って現れた。

「テツ、彼女ができたの？」

クリーム色で中毛の雑種のメス。テツよりやや小柄だ。彼女も控えめでおとなしく、2頭はとても仲良く、例の寝床で暮らしているようだった。それからいつもテツは彼女を連れて現れた。

「去勢と避妊しなきゃ……」と思いつついたのだが、しゃもんが体調を崩し入退院を繰り返し、その後立て続けに長い期間の仕事が入り、仕事がひと段落する頃にまたしゃもんが体調を崩し……。

私はしばらくテツのもとへ行けなかった。その間、おじさんに電話すると「あの2匹、いるよ。大丈夫だよ」と教えてくれた。

数ヶ月たった初夏、キャンプ場に行くとテツが元気良く現れた。

「テツ、彼女は？」いつも一緒にいた彼女がいない。彼らの寝床に行ってみてびっくり仰天！なんと子犬が4匹生まれていた。

「しまったぁーーー！」致し方ないとはいえ、へたへたと座り込んでしまった。

彼らは幸せそうに暮らしていたのだが、子どもが生まれてからテツに攻撃性が出てしまった。別荘ちかくに人が通ると吠え付くようになったのだ。テツにしてみたら当然の行動なのだが、この状況は非常にまずいのだ。

この頃は自宅から車で3時間強かかるこのキャンプ場に、私は栄養価の高い食事を持って週に2～3回通う羽目になった。

離乳まで母犬に育ててもらって子犬は里親に出し、同時に去勢と避妊をしよう。そういう計画をしていた。

床下で育てられている赤ちゃん犬は、本当にかわいかった。テツと彼女は私を信頼してくれているのか、毎回の赤ちゃん犬の体重測定にも協力的。

1匹は亡くなったが3匹はころころ太って元気いっぱい。

家族を守ろうとするテツの攻撃性を考えると、早く子犬を取り上げないとならなかったが、寄り添って暮らす彼らを一気に引き離すことが、私にはできなかった。

相変わらず、仕事の合間をぬって往復6時間の距離を通いつつ、子犬を1匹ずつ連れて帰った。1匹ずつとはいえ、母犬はすぐさま気づき、狂ったようにわが子を探しまわる。

毎回「ごめんね。ごめんね。ごめんね」と泣きながら、アクセルを踏み込む。

「結局、1匹、1匹、連れ出すなんて、よけい苦しませただけなんだろうか」

毎回そう思い、苦悶した。けれど、そのときの私にはその方法しか思いつかなかった。

取り上げた3匹の子犬は、駆虫やワクチン、狂犬病の注射、健康診断書を作成し、里親探しを始めた。

同時にたまにテツのところにも通う。子供がいなくなった生活に慣れたのか、テツは彼女とまた穏やかな生活を取り戻していた。そんな彼ら夫婦はとても幸せそうだ。

「犬は走ってこそ犬」そんな言葉がどうしても、彼らの里親探しを躊躇させていた。しゃもんと遊ぶ彼らを見ていると、走るというよりも大地を「飛んで」いるように見える。「犬が走る」そんなシンプルな世界をどうして私たちは叶えてあげることが難しいのだろう……。

なんとかうちで飼えないだろうか？　そんな考えと、子犬たちの里親探しの忙しさで日々が過ぎていった。

晩秋の日、3匹の子犬がようやく里親の元へ行き、私は犬仲間とテツがいるキャンプ場にバーベキューに行った。テツと彼女はなかなか現れず、私たちが帰り支度をしていると、彼らが急いで走り寄ってきた。

「テツー！　気づかなかったの？　遅いじゃゃん。心配したよ」

なでながら、彼らのために用意してきた、たっぷりと肉がついた大きな牛のテールをおのおのにあげた。ごちそうをくわえたまま、しっぽをふりながら彼らはいつまでも私たちを見送ってくれた。

それが、彼らと会う最後だったとは、このとき微塵も思わなかった。テールをくわえて嬉しそうだったテツと別れて、すぐに日本中を震撼させた未曾有の大事件が起こった。

「地下鉄サリン事件」

上九一色村。テツのキャンプ場あたりは警察車両がいっぱいで大騒ぎになっていた。

「塩田さん、しばらく来ないほうがいいよ」と電話口の管理人のおじさんに言われた。

確かに、事件の少し前からキャンプ場周辺はきな臭かったのである。

あるとき、キャンプ場裏の山道でしゃもんの姿が見えなくなったので「しゃも〜ん、しゃも〜ん」と呼んでいたら、どこからともなく迷彩服の人（自衛隊？）が出てきて補導されそうになった。

オウム真理教の総本部（化学工場）がある地域で、警察による捜索か警備が行なわれていたのだ。教団は「オウム」「サマナ」「シャクティパット」「ヴァジラヤーナ」など、サンスクリット語（梵語）を常用していて、「しゃもん」という言葉も実はサンスクリット語なのである。「しゃもん」とは「沙門」と書き、サンスクリット語で仏教の修行僧の総称を言うのだ。しかし、私はそんな難しい意味でつけたのではなく、当時の人気小説、夢枕獏氏の「闇狩り師シリーズ」に出てくる主人公の肩に乗る「シャモン」という猫又（猫の妖怪）の名前がカッコイイ！　と思い命名したに過ぎない。

なのに、なんでキャンプ場の裏で、警察に犬の名前で絡まれるのだ⁉

散々いろんなことを聞かれ事情を説明すると、若い警官がその小説を知っていて、ようやく釈放？　されたこともあった。

「山道で犬を放していると危ないよ。警察がたくさんいるし、ピリピリしてるから」とおじさんに言われたが、「でもテツは……」と言うと「キャンプ場の中にいるから、あの犬は関係ないし、もし何かあったら飼い主がいるからって、必ず塩田さんに連絡するから」

そんな会話の電話を切ってから、すぐにあの大事件が起きたのだ。

それからしばらくおじさんと連絡が取れず、私は2度ほどテツのもとに行くも、テツのねぐら付近には黄色のテープがはられ「立ち入り禁止」になっていた。

一度、無理やり入ってテツを探したが、警察にあやうく逮捕されそうになった。その事件の深刻さに、もはや情緒的な対応が立ち入る余裕がなかった。

ただ、犬は関係ないだろう、あの辺りを知り尽くしているテツのことだ。どこかに移動しているに違いない。

キャンプ場の辺りは落ちついたら封鎖は解除されると思っていた。

しばらく待って、管理人のおじさんに電話がつながった。

おじさんは開口一番に「塩田さん、ごめん。あの犬たち、保健所に連れて行かれちゃったの。ごめんね、ごめんね」

目の前が真っ暗になった。心臓が爆発しそうになる。

「な……、なんで？　なんで、なんでなの？」

「例の事件があって上九一色村のイメージ回復のために、一斉野犬狩りをしたらしい。こちらに連絡があったときにはもう終わった後だったんだよ。塩田さんの犬たちも連れて行かれたんだ」

「えええええーーーーーっっっ‼」

私は電話口で泣きだした。電話口でおじさんが何度も謝ってくれていた。

おじさんが悪いわけじゃない。そんなこと誰も予想できない。とりあえずお礼を言って電話を切った。

翌日、キャンプ場に行くともう封鎖は解かれていた。テツを探す。やはりいない。1日呼んでも出てこないのは初めてだった。

あるじが居なくなった彼らの寝床は、荒れ始めていた。

私はがっくりとひざをつき、号泣した。

彼らが何をしたのだ？

ただ、ここで生きていただけなのに。なんのために殺されないとならなかったのか？　私たちの社会は、静かに生きている犬2匹の存在も許さないのか？

いや、バカなのは私だ。早く彼らを何とかしていればよかったのに……。

（でも、どうやって？　あの自然の中で疾走していた彼らを、私がどうにかできたのか？　できないから、あのままではなかったか？）

そう自分の心の声がする。

そのときに一番辛かったのは、彼らが死んだことではない。冷たいようだが自然に生きる動物たちにとって、「自由に生きること」と「危険」は常に背中合わせだから。

一番苦しかったのは、彼らが死の最後まで「私が助けに来てくれるのではないか？」「最後まで私を待っていたのではないか？」と想像してしまうことである。

その想像は長い間、私を苦しめた。何年も私を苦しめた。

今なら助けられたのに。今ならそう思うこともあるのだが、そのときと今はイコールではないのだ。状況も私自身も、そして起こる出来事を知っている未来と知らない過去。

それから数年が経ち、村にも安静が訪れ、キャンプブームが到来。

数年ぶりに恐る恐る訪れた懐かしいキャンプ場。

管理棟も新築され、近所の年老いたおじさんたちから若いスタッフに管理も変わっていた。禁止事項がたくさん決められていて、その中のひとつに「犬は放さない」という項目もあった。当然のルールなのだが、なんか、せっかく自然のキャンプ場に来たのにルールだらけだなぁ、という印象を受けた。

たぶん、キャンプブームと大型犬ブームでトラブルも多くあったのだろうけど……。

テツのねぐらだったつぶれた別荘地は、立ち入り禁止になっていた。周囲を見渡してしゃもんを担ぎ上げ、塀を乗り越えて進入。変わり果てた場所を記憶を頼りに、テツのねぐらを探す。

少しして見つけた懐かしい場所には、彼らが過ごした残骸がかすかに残っていた。

「テツ……、テツ……、ごめん。テツごめん」

私はしばらくその場にうずくまっていた。

泣きながら「テツ、ごめん……」を繰り返していたのだが、なぜか思い出すのは、彼らの楽しそうな姿ばかり。私としゃもんを見つけ、走り寄ってくるテツ。一緒にご飯を食べたこと。遊んだこと。いつも彼女とより添って幸せそうだったテツ。彼らにはかわいそうだったけど、子犬たちは里親に出すことができた。悲しくて泣いているのに、私はそんな楽しそうなテツの姿ばかりを思い出していた。

もしかして、これはこのテツの残留思念なのかな……、とも思った。

それでもここ数年、テツが最後まで私を待っていたのではないか、ということばかり考えて苦しんで、テツに謝り続けていた私が、久しぶりにテツとの楽しい日々を思い出していた。

しゃもんに「もういいでしょ。帰るよ」と促される。「そうだね……」どっこらしょっと立ち上がり、「テツ、彼女……。ありがとう。楽しかったよ」と、初めてスルリと「ごめんね」じゃなく「ありがとう」が言えた。

寝床の残骸から離れ、最後に何気なく振り返ると、そこに一瞬テツと彼女の姿が見えた気がした。もちろん私の願望なのだと思う。ただ……、いつもと同じく寄り添う彼らは、光に包まれ幸せそうに笑いながら私たちを見送ってくれた。いつものように……。見慣れたその光景に不思議と違和感がなかった。

ただ私がそう思い込みたいだけなのかもしれないが、それでも苦しい彼の姿しか想像できなくなっていた私が、そんな光に包まれた彼らの姿を見ることができたのは幸せな感覚だった。

私はテツがこの光景を見せてくれたと思うことにした。だってテツはそういう犬だったのだから。

それから時は流れ、私もしゃもんを送った。

時折、テツたちと一緒にいるのかな、そうだといいなと想像していた。

テツの3匹の子犬たちだが、1匹は近所の獣医さんがペットとして飼うけど、いざというときに献血犬にしたいともらってくれた。献血といってもそんなことは滅多にないし、何も健康を害するほど献血するわけではない。私は日常を家庭犬として過ごさせてくれるなら、とＯＫした。

もう1匹はキャンプつながりで知り合った、会社員のご夫婦がもらってくれた。子供がいない若いご夫婦は、子犬をとてもかわいがってくれそうだった。

最後の1匹は母と30代の娘さんの母子家庭にもらわれた。19歳の老犬を送り、ちょうど雑種の子犬を探していたという。

テツの子供は3匹とも幸せになれると感じた。父と母のように自然を駆け回る環境ではないが、家庭犬として人と寄り添い、相互援助のなかで幸せに生きていくだろうと感じていた。

それから更に十数年のときがたった。突然、会社員の奥さんから連絡があった。

「16年前に子犬をいただいた山岸です（仮名）。実はどうしても塩田さんに謝らなければならないことが起きました。……ジローが自殺したんです」

「えっ！　自殺？　犬が？」

奥さんの話はこうだった。子犬を連れて帰った夫婦は、初めて飼う犬のことをかなり勉強し、ジローと名づけた子犬をわが子のようにかわいがった。人間の子供同様、海や高原、旅行とどこへ行くにも一緒に連れて行った。

「性格もとても優しくて、頭が良くて、ほんとに手がかからないいい子でした」

もう子供は授からないだろうと、ジローを子供同様にかわいがったという。

ジローは15歳を過ぎた頃には足腰も弱り白内障が進み、耳も遠くなり始めた。今まで手がかからなかったジローには介助の手が必要になっていく。

そんなとき、思いもかけず奥さんが高齢妊娠をした。仕事とジローの世話、出産と育児と、一気に奥さんに負荷がかかった。

奥さんは、高齢で足腰が弱って目も良く見えず少しずつ痴呆も始まったジローの世話をしたかったのに、しょっちゅう赤ちゃんが泣く。

赤ちゃんの世話をしているうちに、ジローのトイレが間に合わなくて粗相をしてしまう。申し訳なさそうに縮こまるジローに「いいの、いいの。大丈夫よ」と声をかける。そんなことの繰り返しで、奥さんは産後うつになってしまった。

「子供が泣くと、またジローのトイレも散歩にも行けないってイライラして、子供が憎くなっちゃって……。もうなんだか1日中、泣くか、怒るかを繰り返していました。いっそ子供なんていなければ……、とも思ってしまう。そんな自分にまた落ち込むという毎日でした。もう憔悴し切っちゃって」

ジローはそんな奥さんをいつも心配そうにのぞきこんでいたという。

そんなある日の夜、ジローがいなくなった。

「もう、腰が抜けるくらいびっくりしました。今までそんなことなかったし、痴呆で足もヨロヨロ、目もあまり見えないジローが、どうやっていなくなったのか……」

急いで近所を探し始める。そのとき、近くの幹線道路で犬が轢かれた、という騒ぎを聞いた。

震えながら駆けつけるとそこには、すでに息絶えたジローが横たわっていたという。

「塩田さん、あの子は自殺したんです。いえ、私が殺したも同然です。ジローは私のために、私の負担を少なくするために、車に飛び込んで自殺したんです。でも、私がもっと気をつけていれば、あの子が外に出ることはなかったのに。ごめんなさい。こんなことになってしまって……」

奥さんがわんわんと泣いている。

「自殺……」このときの私はまだカウンセリングなどの技術もなかったので、結局ジローの死の真相はわからず、奥さんの話を聞いて、16年間かわいがってもらったお礼を言うだけだった。

愛犬をこのように亡くした場合は、悲しみを消化し、その死の意味の真相を知るのは簡単ではないだろう。のちに「ジローが自殺だとするならば（奥さんがそう言ったので）その遺志をくんで、ぜひ幸せになってほしい」と手紙を送った。

さらに3匹目をもらってくれた30代の娘さんは40代後半になり、16歳になったあのときの子犬が先日亡くなったと連絡があった。

16歳という年齢を考えるとそろそろ寿命なのだが、奇しくもジローと同じ時期……。やはり不思議を感じる。

「ラッキーは窒息死だったんです」

（えっ……、また事故死!?）思わず身構えてしまう。

子犬のラッキーは母と娘の家庭にもらわれ、家庭犬として幸せな16年を過ごしていた。

母と娘は仲が良い親子というわけではないが、お互いが依存し合って生きているようだった。母は娘を手放したくないようで、娘の交際相手はどんな人でも気にいらず、娘も反対を押し切ってまで結婚するという選択はしなかったようだ。娘さんは出会った頃も今も「母から自立しなければ……」と同じ話を繰り返ししていた。まるで叶わない呪文のように。

ラッキーは高齢になっても病気もせず元気で、まったく手がかからない犬だったという。

その頃、40代も後半になった娘さんには好きな人ができ、実家の近くで彼と同棲を始めた。母のことを考えてスープの冷めない距離に部屋を借りた。60代の母はまだまだ元気なのだが、母はなにかというとラッキーをだしにして娘を自分のもとにひんぱんにおびき寄せた。

娘は母と彼との間に挟まれて、ゆれていた。毎回繰り返されてきたパターンで、いつも母の勝利で終わる。

そんなときに16歳のラッキーが、流しにしまっておいたドッグフードの袋に頭を突っ込んだまま窒息死していたという。

母と娘はお互いの非を責め合い、泣き続けた。

しかし、痴呆でもない16歳の老犬が、そんな死に方をするのだろうか。子犬ならまだしも。ラッキーはゴミ箱をあさったり、食べ物を探し回るくせもなかったというのだ。

泣きながら事情を話す娘さんの話をしばらく聞いていたのだが、ふと思いついたことを聞いてみた。

「ラッキーは袋に頭を突っ込んだとき、どんなことを感じていたと思いますか？」

「苦しい、苦しい。息が詰まる。このままだと窒息しちゃう。そんな感じで、もがきながら亡くなったんだと思います」

「今の感覚、感情、状況は誰のものですか？　ラッキーですか？　あなたですか？　このままだと窒息しちゃうという未来は誰の未来ですか？」

と聞いてみた。どうも話を聞いているとラッキーの話ではなく、彼女の話に聞こえたからだ。

しばらく彼女は絶句していた。

それからしばらくたち手紙をいただいた。〈ラッキーは今の私の姿を見せてくれたんだと思う。翌春、彼と結婚する〉という報告とともに、〈ラッキーが背中を押してくれたんだから、頑張って母から自立しないと〉と結んであった。


献血犬という人生、ジローの死に方、そしてラッキーの死。

みんなテツの子供らしいなぁ……、と私は一人感心していた。

生き物はみんな死ぬ。どうしても私たちは「いい死なせ方」「苦しまない死なせ方」「飼い主が納得できる、後悔しない死なせ方」にこだわる。

それは当然の気持ちなのだが、**どう死ぬかが問題なのでなく、その死にはどんなメッセージが含まれているか？　その生にはどんな意味があったのか？　そこが重要なのだと最近は思うのだ。**


人が好きでフレンドリーで賢く、たくましく優しかったテツ。そんなテツと出会い、恋をして、夫婦になった控えめな彼女。彼らの子供たちは、本当にこの素晴らしい親の資質を受け継いでいるなぁと感じる。

子犬たちのおのおのの人生には「人との絆」という親から受け継いだ遺伝子が、脈々と受け継がれている気がするのだ。

種の遺伝子を運ぶという「ノアの方舟」。

ペットたちは「つながり」「絆」「気づき」「相互援助」という遺伝子を運ぶ。

ペットと出会って救済されたのは、彼らたちだったのか？　私たちだったのか？

間違えないでいただきたいのは、犬や猫はあなたのために「身代わり」や「犠牲」になるのではない。一方通行の美談ではない。彼らの死には、彼らなりの意味がその人生の中にある。そして彼らは「自分たちの生きる意味と一番引き合う」あなたを選んだのだと私は思う。

ペットと飼い主、双方に引き合う理由があって、私たちは出会う。決して一方通行ではない。ペットは飼い主に守られる存在であると同時に、**あなたの人生を投影する影であり、大いなる人生の気づきを与えてくれる大いなる存在でもある。**

だからこそ、あなたのペットがあなたを選んだ理由を、その意味を人生で生かしてほしいと私は願う。

テツの子犬たちと飼い主たちの物語も、ちゃんと時系列で詳しく書けば、ジョリーの話のように壮大なドラマがあり、奇跡のような気づきが散りばめられている。それはどんな平凡に見える人とペットの物語にも、同じようなそれぞれのドラマがあるのだと私は思う。

ドラマは家の外や遠い場所にあるのではない。私たちの日常そのものがドラマなのだ。どうか見逃さないでほしい。あなたとペットの人生にも奇跡の種は、たくさんあるのだ。

私はテツに「過去を書き換える実践方法」「ありがとう10回」などを実践している。

そんなとき、テツは必ずしゃもんと一緒に現れる。生前と変わらず、いつもしゃもんの後ろにいるのだ。「あっちでも礼儀正しいできた犬だ……」思わず苦笑してしまう。

何を語りかけてもテツは「ありがとう」しか私に言わない。

その光に満ちたひと言が、彼の全てなのだろう。

私の方舟には、しゃもん、テツ夫婦、亡くなった施設の子……、たくさんの動物がそれぞれの種の意味を抱えて乗り込んでいる。

私はこうして、このように書物にして彼らの人生を発信することによって、その種をあなたの船に運んでいるのだと思う。


あなたの船にはどんな子が乗っているのだろう。

どんな言葉を、どんな気づきを、どんな人生を運んでいるのだろう。

それがどんなことであれ、あなた自身の力で光に変えられるということを忘れないでほしい。

あなたはペットとのどんな出来事も光に変えられる。

だから、その子はあなたの船に乗ることを選んだのだから……。

もっともっとうちの子の供養がしたい、私が逝くまであちらでもっと幸せになってほしいという方に、これは一番強烈な供養方法です。

ずばり！　飼い主自身が精進する！　精進とは仏教用語ですが、努力する、尽力する、修行に励む。そんな意味でいいと思います。

何に努力するか？　どう精進するか？　そのご案内はもう本書の全ページに散りばめました！

ペットと飼い主はコインの裏表です。強いご縁と絆で結ばれています。どちらかが上がれば、結ばれているもう一方も必然的に上がるということです。

私たちが行なう行為・行動は全てが天のペットの待遇に直結します。つながっていますからねぇ……、絆で。

私たちが他者に放射する施しや親切、愛情を伴った行動は、すぐに天のペットに届けられます。

やったように返る。それが「因果応報」。

因果応報とは悪いことが返ってくるという意味ではなく**「やったことがやったように自分に返ってくる」という原因と結果の現象**です。

なので、私たちが天にお返ししたペットにやってあげられることは、もうもう無尽蔵です。

今の自分にできること、今の自分がやりたいな♪　と思うことでいいのです。無理する必要はありません。今の自分が精一杯できること、それ以外のことを私たちは求められません。

笑い合って精進をいたしましょう♪

楽しくできることをやっていきましょう♪

自分以外の誰かのために。それが「因縁の徳積み」と呼ばれる行為です。私たちが積んだ徳があの子に届けられる！　そう思うとなにかワクワクしませんか？　積んだ徳があの子の王冠になる。そう考えるだけでも私はワクワクします！


あなたは天で待つうちの子に、何をプレゼントするのですか？

あとがき

お疲れさまでした！

最後まで読んでくださり、ありがとうございました。

書いていて気づいたのですが、今回のテーマは「**私たちの苦しみの意味**」と「**つながる**」ということだったようです。

それをペットという私たちの共通の大切な存在を通し、私たちはつながっていき、そんなテーマを共有していくのだな……、と感じました。

心理学が目標とするコミュニケーションは「**あなたも嬉しい。私も嬉しい**」という**相互援助**です。そこには苦しみを笑顔に変える忍耐とユーモアが大切であり、またそのためには、周囲の人との調和も不可欠です。

施設のボランティアに関わり、お世話する側も楽しい。関わる全ての人が「人とのつながりや幸せを感じる」。そんな世界は実現させていけるのだなぁ……、ということを勉強させていただきました。

それは、私のブログを通して多くの方が、施設の保護犬猫や関わる私たちをご支援くださり、その皆さんも「そんなメッセージが役に立って嬉しい！　楽しい！」と感じてくださり、もちろん施設の子たちもいろんな恩恵に預かり……。

もうもうみんながニコニコ。「あなたも嬉しい！　私も嬉しい！　あの子も幸せ！」というなんとも幸せな関係性を感じております。


このような「自分以外の何か」に対するボランティアは人生に「新しい扉」が開く体験、「心の琴線に響く」思考・視点の変容を促してくれるものだと私は実感しています。

と言いますのも、「本を読んで長〜いペットロスから脱出することができて、ようやく仕事にも復帰しました！」「施設の方たちの活動に背中を押していただき、ようやくしっぽを離してうちの子を天に送ってあげられます。ありがとうございます」という嬉しいメッセージ。

「今の自分ができないことをやってくれて、ありがとう！　いつか自分も保護ボラを絶対やります！」という力強い宣言。

「施設の方の活動に心を打たれ、アルバイトを始めてみました。人生初のお仕事は思いのほか楽しいです。自分の収入があるって、世界が広がります！　初任給でユニセフに募金しました」などとご報告いただいた方もいらっしゃり。

なんて、なんて素敵な連鎖でしょうか！

活動に応援をいただく私たちも勇気をもらい、施設の子たちもニコニコ♪　応援してくださる方にも「いいこと」「嬉しいこと」になるなんて。まさに黄金のトライアングル！

私たちペットを愛する同胞は、ペットを通じ「うちの子と私」という個人の世界観から**「うちの子と私と私たちの世界」へと世界を無限に広げていくことができます。**

昔、こんなドキュメント番組を見たことが、心に残っています。

それは、アメリカの10代の少女の話でした。彼女は末期の癌でありながら病床から、ゴリラやトラ、ゾウ、サイなどの野生動物の保護活動家たちに応援の絵手紙を送り続けていました。そして最後はいつもこう結んでいました。

「私にはもう命がありませんが、動物たちの未来をあなた方の勇気に託します。

私は何年も寝たきりですが、こうしてあなた方の勇気と安全を祈ることができます。

こんな私でも誰かの役に立つことができる。そんな体験をさせてくれてありがとう。もうすぐ私は天に召されますが、死は少しも恐ろしくありません。死んでからこそ、私は本当にやりたいことができるのです。私は死んだらこの重い身体を脱ぎ捨てて、必ずあなた方のそばにまいります。これからは、あなたのそばであなたを守ることができる。私はいつでもあなたの勇気と身体を守れるのです」

このような内容でした。

この番組は、私の人生に衝撃を与えました。同時に「あなたはこれから何をするの？」そう問われているようでした。彼女は私に「他者に対して何もできない人はいない」そう教えてくれました。

世界中の保護活動家に送られるその絵手紙は、文章を考え、絵を書き、はうように病院の中庭で摘んだ小花の押し花を添え……。それがまた末期の彼女の生の意味を支えていました。また命がけの活動家たちにどれほどの勇気を与えたことでしょう。

ほとんどTVを見ない私がなぜこの番組を偶然見たのか？　それも数ヶ月に1度くらいしか見ないBSで。

「ボランティアとはしてあげるものではなく、させていただくもの」

この彼女からの遺志をまた多くの同胞に発信できたらいいな。今はそんなふうに思っています。

それが「見知らぬ同胞がTVを通し私を選んだ理由」だと、勝手に解釈して奮起しています（笑）。いいじゃないですか。こじつけでも楽しければ。ああ、そういう意味か！

そう思えたほうが人生は楽しい。

そんなふうに考えると、私たちの人生はたくさんの魔法であふれています。

私は本書を通して、あなたの手を引きます。

一緒にやりましょう！

自分以外の誰かの役に立つために。救済の手を必要としている誰かのために。

私たちが差し出した手はめぐり巡って、また私たちがつまずいたときに、差し出される手となり返ってきます。

こうして私たちは、自らを救うことができるのだと私は信じています。

私たちはペットという共通の宝物を通じてつながっています。決して一人ではありません。深い共感と強い調和で結ばれていくのを私は実感しています。

うちの子を天に返す。私たちみなが体験するその深い苦しみは、また別の世界への新たな扉。それは、自分の苦しみを他者のために生かす世界。
喜びと優しさと奇跡に満ち溢れている世界です。
本書がそんな世界に入るきっかけになれば光栄です。

しゃもんを撮った「最後の写真」。
カラー印刷でないのでわかりにくいが、
天に向かうかのように虹色の光が映っていた…。

❤謝辞

ハート出版さんとご縁をいただき、ここに『ペットがあなたを選んだ理由』の続編を上梓させていただけましたことを、心より感謝いたします。

また、超が3つくらいつくほど、パソコン音痴の私にブログを作ってくださり、多くの方と交流がもてたことは、本書で見事に反映されました！

本当にいろいろとお世話になりました。ありがとうございます。

飛騨・千光寺の大下大圓お師匠さま。いろいろな局面でお師匠さまの言葉を思い出します。良き道をありがとうございます。またいつも温かく支えてくださる大好きな兄弟子さん方にも、この場をお借りして感謝申し上げます。

本書に登場くださった、施設のボラさん、お手伝いくださるホームレスさん、お世話になっている動物病院の先生方、マリアMさん、鍼灸師・木村先生。そして、快く取材掲載を了解してくださった方々にも、心よりお礼申し上げます。

みなさまのご協力とご好意で良きものを発信することができたと感謝しております。

前書を読んでくださり、たくさんの思いをつづったハガキやメールをくださった読者のみなさま。不手際の多いブログを読んでくださりご支援くださる皆さまにも、たくさんのありがとうを送ります。また、ご縁をつなげてくれたみなさんのペットたちにもお礼を言います。

あなた方のお陰で、お父さん・お母さんはあなたを思い、私の本を読んでくれました。あなたがご縁をつなげてくれたんだよね？『お父さん、この本！この本よ』『お母さん、この本読んで！』あなた方が選んだお父さん・お母さんはみんな愛情たっぷりで優しいね。あなたが送る「お父さん・お母さん、大好き！大好き！」のその気持ち、本書を通じてお父さん・お母さんに聞こえますように、お祈りしますね。あなたとそちらで会える日を楽しみにしています♪

天に帰ったたくさんの犬猫たち。お世話させていただけて幸せでした。あなたたちのお世話をさせてもらうことで、私が見捨ててきたかわいそうなあの子たちに、少しは償いができたと思えます。過去にやり損ねたことを、今やらせていただいています。あなたたちの生のお陰です。ありがとう！　また会いましょう！

愛さん、施設を通してたくさんの、本当にたくさんのことを学ばせていただいています。ここで、共感・調和・忍耐・ユーモア・健康・健全であること。そして正しい知恵と愛情。こんなに多くを求められ、鍛えられる修行場もそうないと思います。ありがとうございます。たくさんの命を救ってきた愛さんの晩年が、多くの方の祈りが届いて幸せなものでありますように。私も祈り続けます。

そしていつも見守りくださる、大日如来、サムシング・グレートにも心から感謝いたします。

最後にしゃもん。私のしゃもん。

あなたと生きた12年半の学びがここにあります。

こうして死後もなお、あなたと学んだことを表現することで「死は終わりではない。新しい関係性の始まりである」このことを多くの同胞に発信できたら嬉しいです。あなたとはそのために出会ったね。それが私たちの魂の約束事だったね。

母ちゃん、頑張ったよ。あなたがくれた、たくさんの学びの種を涙で枯らさなかったよ。あなたがくれた種だもの。大切に育てて、花になったものを実になったものを、たくさんの仲間に渡せたよ。死後、長い年月がたったけれど、あなたは変わらず私の中で輝かしく愛おしい存在です。

しゃもん、私のしゃもん。今も変わらず愛してる。

全ての生きとし生けるものに、合掌。

平成26年1月　丙申

塩田妙玄

本書は平成二十六年四月刊『続ペットがあなたを選んだ理由』を改題の上、カバーを新装したものです。

塩田妙玄　しおた・みょうげん

高野山真言宗僧侶／心理カウンセラー／生理栄養アドバイザー／陰陽五行・算命師。前職はペットライター、東京愛犬専門学校講師、やくみつるアシスタント。その後、心理カウンセリング、生理栄養学、陰陽五行算命学を学び、心・身体・運気などの相談を受けるカウンセラーに転身。より深いご相談に対応できるよう出家。飛騨千光寺・大下大圓師僧のもと得度。高野山・飛騨で修行し、現在高野山真言宗僧侶兼カウンセラー。個人相談カウンセリング、心や身体などの各種講座、ペット供養などを受ける。
著書に『だから愛犬しゃもんと旅に出る』(どうぶつ出版)、『ペットがあなたを選んだ理由』『捨てられたペットたちのリバーサイド物語』『ねこ神さまとねこおやじ』『ペットたちは死んでからが本領発揮』(ハート出版)、『40代からの自分らしく生きる体と心と個性の磨き方』(佼成出版社)。原作に『HONKOWAコミックス　ペットの声が聞こえたら』シリーズ〈生まれ変わり編〉〈奇跡の楽園編〉〈あなたのやさしい手編〉〈虹の橋編〉〈愛の絆編〉〈保護犬・保護猫奮闘編〉〈命をつなぐ保護活動編〉〈福縁の保護猫・保護犬編〉(画・オノユウリ／朝日新聞出版)

「妙庵」ホームページ　http://myogen.o.oo7.jp
ブログ「ゆるりん坊主のつぶやき」

たからものを天に返すとき
新装版「続ペットがあなたを選んだ理由」

令和5年4月6日　第1刷発行

ISBN978-4-8024-0150-0　C0036

著　者　塩田妙玄
発行者　日高裕明
発行所　ハート出版
〒171-0014 東京都豊島区池袋3－9－23
TEL. 03－3590－6077　FAX. 03－3590－6078

印刷・製本／中央精版印刷